U0742924

理论与实践紧密结合｜内容编排与典型工作项目相契合

嵌入式系统技术及应用（STM32）

主 编｜康婷婷 邵 瑛

参 编｜沈毓骏 赵铭皓

机械工业出版社
CHINA MACHINE PRESS

本书采用项目驱动的编写方式，理论与实践紧密结合，将 STM32F407 的硬件知识和 MDK5 的软件知识融入 18 个项目中，具体内容包括新建一个工程、流水灯设计、独立按键检测设计、蜂鸣器设计、串口通信设计、外部中断设计、独立看门狗设计、定时器中断设计、PWM 输出设计、输入捕获设计、TFT 液晶显示设计、RTC 实时时钟设计、随机数发生器设计、待机唤醒设计、摇杆 ADC 设计、内部温度传感器设计、外设 DMA 高速传输设计、LCD 触摸屏设计。

本书既可作为高等职业院校电子信息类、智能控制类、计算机类专业的教材，也可作为智能软硬件系统开发人员的技术参考书。

本书配有微课视频，扫描二维码即可观看。另外，本书配有电子课件、习题解答，需要的教师可登录机械工业出版社教育服务网（www.cmpedu.com）免费注册，审核通过后下载，或联系编辑索取（微信：13261377872，电话：010-88379739）。

图书在版编目（CIP）数据

嵌入式系统技术及应用：STM32 / 康婷婷，邵瑛主编．--北京：机械工业出版社，2025.6.--（高等职业教育系列教材）．--ISBN 978-7-111-78230-8

Ⅰ．TP332.021

中国国家版本馆 CIP 数据核字第 2025YE1720 号

机械工业出版社（北京市百万庄大街 22 号　邮政编码 100037）
策划编辑：和庆娣　　　　　　　　　责任编辑：和庆娣
责任校对：王小童　李可意　景　飞　责任印制：单爱军
中煤（北京）印务有限公司印刷
2025 年 6 月第 1 版第 1 次印刷
184mm×260mm · 12.75 印张 · 247 千字
标准书号：ISBN 978-7-111-78230-8
定价：55.00 元

电话服务　　　　　　　　　　　　网络服务
客服电话：010-88361066　　　　　机　工　官　网：www.cmpbook.com
　　　　　010-88379833　　　　　机　工　官　博：weibo.com/cmp1952
　　　　　010-68326294　　　　　金　书　网：www.golden-book.com
封底无防伪标均为盗版　　　　机工教育服务网：www.cmpedu.com

Preface
前　言

近年来，ARM 处理器在智能硬件领域的广泛应用备受瞩目，本书以 ARM Cortex-M4 内核的 STM32F4 系列产品为基础进行编写，相较于 STM32F1、STM32F2 等产品，STM32F4 的优势在于新增了硬件 FPU 单元和 DSP 指令，主频高达 180 MHz，具备广泛的应用前景。本书以 STM32F407 为例，详细讲解 STM32F4 的各项功能及编程实现方法，旨在满足高等职业院校相关专业师生和专业技术人员的学习需求。

本书采用项目驱动的编写方式，将理论与实践紧密结合，内容编排与典型工作项目相契合，结构清晰、内容丰富，项目设计由浅入深，便于读者轻松入门并逐步掌握。全书共 18 个项目，内容包括新建一个工程、流水灯设计、独立按键检测设计、蜂鸣器设计、串口通信设计、外部中断设计、独立看门狗设计、定时器中断设计、PWM 输出设计、输入捕获设计、TFT 液晶显示设计、RTC 实时时钟设计、随机数发生器设计、待机唤醒设计、摇杆 ADC 设计、内部温度传感器设计、外设 DMA 高速传输设计、LCD 触摸屏设计。通过逐步实践项目中的各项功能，读者能够循序渐进地深入理解 STM32F407 的核心技术。此外，每个项目均配有项目总结和习题，帮助读者巩固所学知识并学以致用。

本书建议授课学时为 64 学时，讲解与实验各占一半，并要求读者具备 C 语言和 51 单片机等基础知识。通过本书的学习，读者不仅能掌握相关知识与技能，还能激发探索与求知的热情。在实践中，读者将逐步提升开发工程师的职业素养，编写程序精益求精，调试项目耐心细致，面对挑战坚韧不拔，并与同伴共同成长。最终，读者将成长为具备工匠精神的开发者，严谨求实，不断攀登技术高峰。

本书由上海电子信息职业技术学院康婷婷和邵瑛主编，沈毓骏和赵铭皓参编。本书的顺利出版要感谢上海电子信息职业技术学院多位领导和老师给予的大力支持和帮助。另外，衷心感谢百科荣创（北京）科技发展有限公司赵铭皓工程师对本书的大力支持，在本书编写过程中提供了大量的参考资料和指导意见。

由于时间仓促，书中难免存在疏漏和不足之处，请读者谅解，欢迎提出宝贵意见。

编　者

二维码资源清单

名　称	二维码	页码	名　称	二维码	页码
1.3.2　MDK5 新建工程		4	5.2　项目基础知识		48
1.3.3　程序下载与编译		15	5.3.4　功能测试		60
2.2.3　STM32 微控制器 GPIO 基本结构		23	6.2　项目基础知识		63
2.2.4　GPIO 配置相关寄存器		28	6.3.4　功能测试		72
2.3.4　功能测试		34	7.2　项目基础知识		74
3.2　项目基础知识		36	7.3.3　功能测试		79
3.3.4　功能测试		41	8.2　项目基础知识		81
4.2　项目基础知识		43	8.3.3　功能测试		89
4.3.4　功能测试		46	9.2　项目基础知识		90

（续）

名称	二维码	页码	名称	二维码	页码
9.3.4　功能测试		100	14.3.3　功能测试		155
10.2　项目基础知识		101	15.2　项目基础知识		157
10.3.4　功能测试		110	15.3.3　功能测试		168
11.2　项目基础知识		112	项目16　内部温度传感器设计		170
12.2　项目基础知识		125	项目17　外设DMA高速传输设计		176
项目13　随机数发生器设计		140	18.3.3　功能测试		192

目 录 Contents

项目 1 　新建一个工程

本项目主要帮助读者了解系统的硬件和软件平台，了解 STM32 硬件开发板的结构和板上资源；通过新建工程的学习，对软件界面有全面的认识，读者将学会如何添加芯片、如何添加源文件和头文件、如何编译下载等。

1.1　项目目标

1) 熟悉系统的硬件和软件平台，掌握新建工程的方法。
2) 能在 MDK5 平台上完成新建工程，并编译下载成功。
3) 在新知识学习中，养成不气馁、不畏难的好品质。

了解系统的硬件和软件平台，在软件平台完成新建工程，添加芯片、主文件和头文件，并成功实现编译和下载。

1.2　项目基础知识

1.2.1　硬件平台

开发板使用 STM32F407ZET6 作为主控制器。控制器采用 32 位高性能 ARM Cortex-M4 处理器，支持 FPU（浮点运算）和 DSP 指令，支持 SWD 和 JTAG 调试；具有 512 KB 的 FLASH，192 KB 的 SRAM，支持 4~26 MHz 的外部高速晶振，内部 16 MHz 的高速 RC 振荡器，外部低速 32.768 kHz 的晶振，系统时钟频率高达 168 MHz，3 个 12 位 AD（多达 24 个外部测试通道），2 个 12 位 DA，16 个 DMA 通道，带 FIFO 和突发支持（支持外设：定时器、ADC、DAC、SDIO、I2S、SPI、I^2C 和 USART），定时器多达 17 个（10 个通用定时器、2 个基本定时器、2 个高级定时器、1 个系统定时器、2 个看门狗定时器），通信接口多达 17 个（3 个 I^2C 接口、6 个串口、3 个 SPI 接口、2 个 CAN2.0、2 个 USB OTG、1 个 SDIO）。

开发板模块资源丰富，其结构如图 1-1 所示。

开发板可选择多种通信方式，兼具图像采集、摇杆控制、传感器数据采集

笔记

等功能。其中传感器数据采集功能中提供两种接线方式，且两种接线方式能共存：

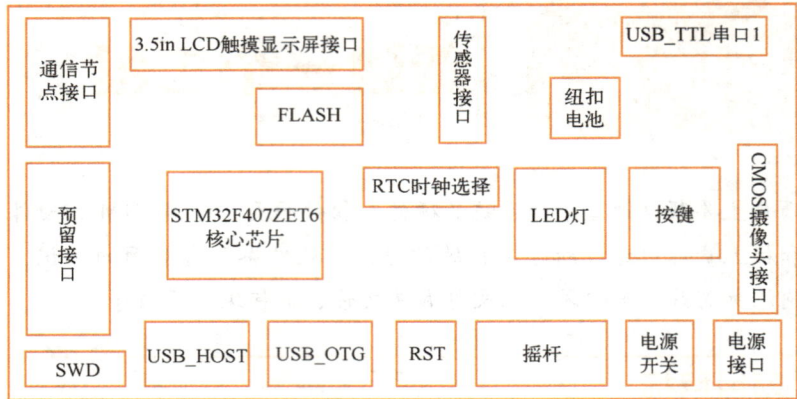

图 1-1　开发板模块结构

1）通过传感器接口插接物联网传感器模块，通过模块节点 ID 实现自动识别传感器模块功能；

2）通过拓展模块接口，自行选择端口，连接移动互联传感器模块，且能连接移动互联通信模块（拓展模块接口连接的通信模块与通信节点接口连接的通信模块可同时使用）。

开发板实物如图 1-2 所示。

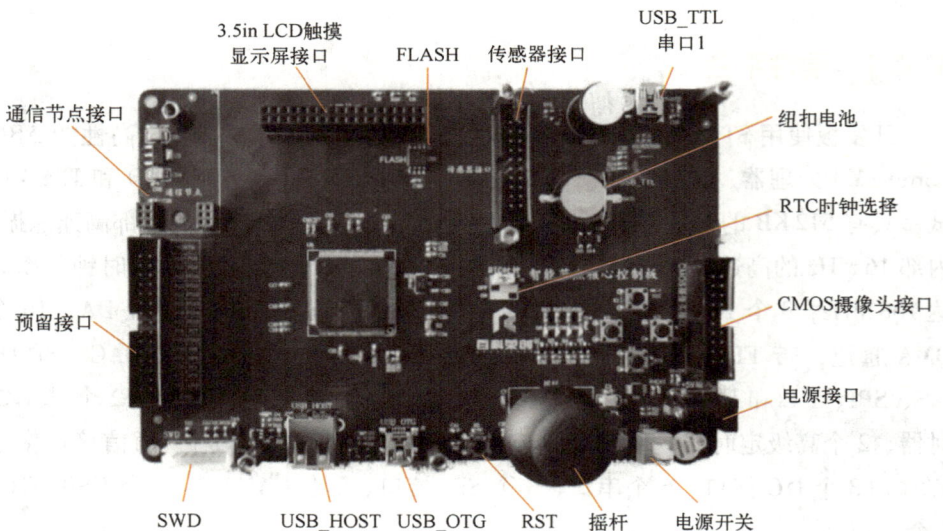

图 1-2　开发板实物

通过本核心板配套实验,读者应掌握 GPIO、SysTick 定时器、中断优先级、外部中断、定时器、串口、ADC、DAC、DMA、PWM、I²C、SPI 等相关知识,熟练掌握常用外设配置及使用。为今后的嵌入式开发打下坚实的基础。

1.2.2　MDK5 软件

MDK(Microcontroller Development Kit)是一款由德国 Keil Software 公司开发的嵌入式系统开发工具,主要用于微控制器的软件开发,目前主流的版本是 MDK5,MDK5 向下兼容 MDK4 和 MDK3 等。MDK5 的主要特点和功能如下。

1)集成开发环境:MDK5 提供了一个完整的软件开发工具链,包括源代码编辑器、调试器,以及微控制器开发、调试和编程所需的其他工具。

2)支持多种微控制器:MDK5 支持业界常用的各种基于 Arm 架构的微控制器,包括 Arm Cortex-M 系列、8051 系列等。

3)高性能编译器:MDK5 集成了 Arm C/C++编译器,专为 Arm 架构设计,支持最新的 C/C++标准和 Arm 指令集,并提供了链接时优化(LTO)等技术,以提高代码的性能和效率。

4)中间件组件:MDK5 提供了必要的中间件组件,如文件系统、图形用户界面、网络通信、USB 主机和设备等,这些组件都基于 MDK5 实时操作系统进行任务调度,并遵循 CMSIS-Driver 标准,以连接微控制器外设或外部组件。

5)编辑和调试:提供了强大的代码编辑功能,包括自动完成、语法高亮和代码折叠等。同时,它还集成了调试器,支持单步执行、断点调试和变量监视等功能。

6)仿真器和硬件调试:支持多种仿真器和硬件调试设备,可与目标硬件连接并进行调试和验证。

7)事件跟踪和性能分析:内置了事件跟踪和性能分析工具,可以帮助用户分析和优化系统的性能。

8)软件包管理:MDK5 提供了基于运行时环境(RTE)框架的软件组件,用户可以使用这些组件创建应用程序,包括各种常见的外设驱动和协议栈。

MDK5 以其强大的功能、高效的代码优化、直观的用户界面和丰富的库支持,成为嵌入式系统开发中的首选工具之一。

1.3 项目实施

1.3.1 项目实施流程

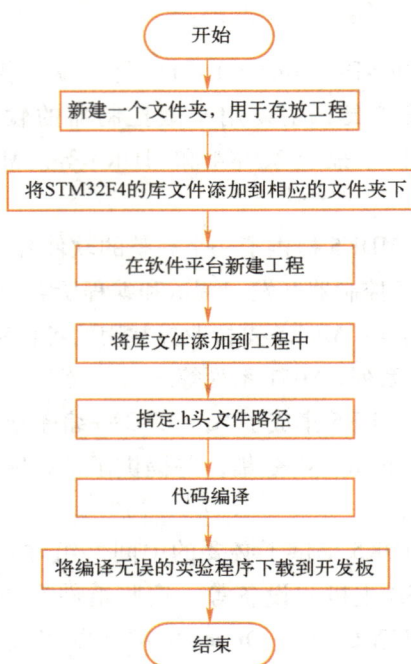

```
          开始
           ↓
新建一个文件夹，用于存放工程
           ↓
将STM32F4的库文件添加到相应的文件夹下
           ↓
     在软件平台新建工程
           ↓
    将库文件添加到工程中
           ↓
     指定.h头文件路径
           ↓
        代码编译
           ↓
将编译无误的实验程序下载到开发板
           ↓
          结束
```

1.3.2 MDK5 新建工程

1.3.2 MDK5
新建工程

1）新建一个文件夹，并将其命名为 Helloworld，用于存放工程。一个 STM32 工程可分为五个子文件夹：HARDWARE、CMSIS、SYSTEM、FWLIB、USER，具体如表 1-1 和图 1-3 所示。

表 1-1 工程目录文件夹清单

名　　称	作　　用
HARDWARE	存放外设文件
CMSIS	存微控制器软件接口标准文件
SYSTEM	存放系统文件
FWLIB	库文件
USER	存放用户文件

2）将 STM32F4 的库文件添加到相应的文件夹下，即从固件库里面把这些文件复制到新建的工程文件夹里。

3）打开 MDK5 软件，选择"Project（工程）"→"New μVision Project（新建工程）"命令，如图 1-4 所示。

图 1-3 新建文件夹

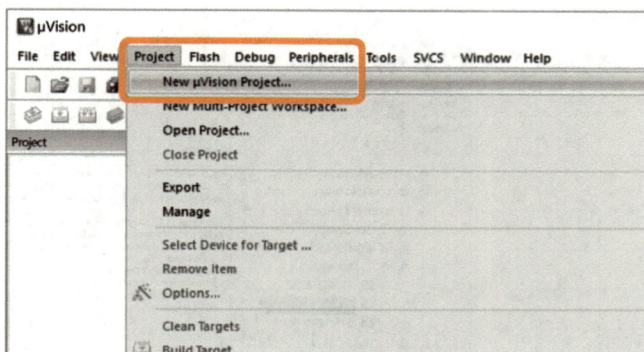

图 1-4 新建工程

4）选择路径。打开刚才新建的文件夹中的 USER 子文件夹，在"文件名"文本框中输入工程名（以 Helloworld 为例），单击"保存"按钮，如图 1-5 所示。

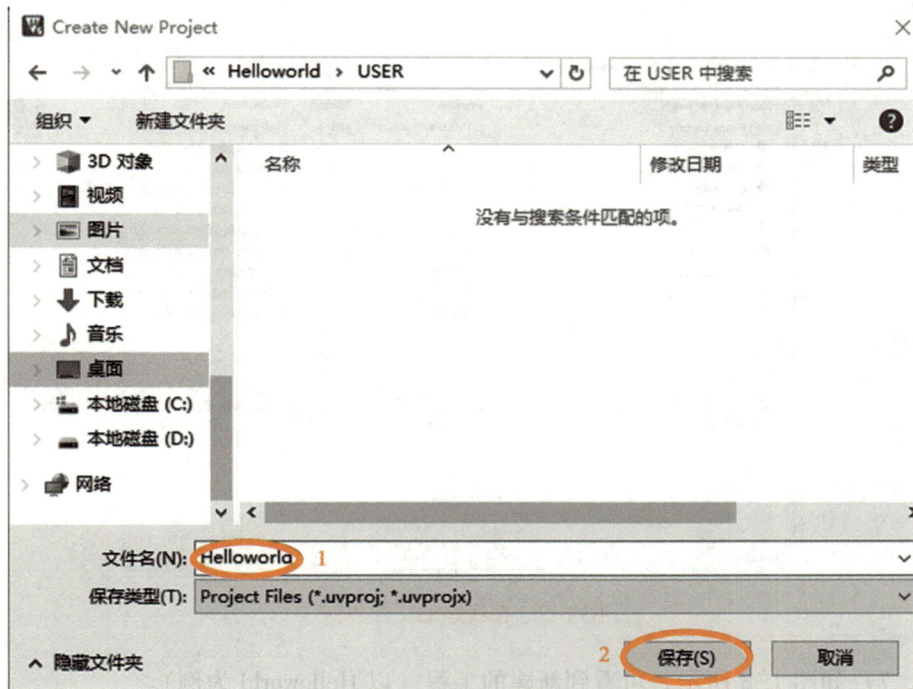

图 1-5 输入工程名称

5）选择芯片型号（以 STM32F407IG 为例），选择 STMicroelectronics（意法半导体）展开，选择 STM32F407 展开，选中 STM32F407IG，单击"OK（确认）"按钮，如图 1-6 所示。

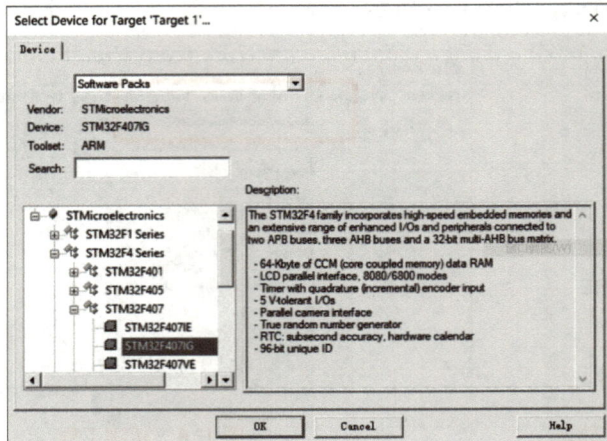

图 1-6　选择芯片型号

6）出现在线添加文件界面，单击相应文件名后将从 Arm 的官方网站下载，这里先单击右上角的"×（关闭）"按钮，如图 1-7 所示，后面将手动添加库文件。

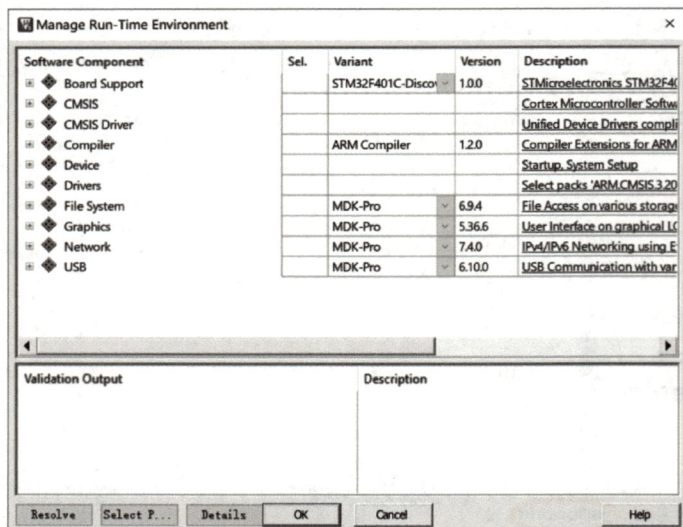

图 1-7　在线添加文件界面

7）如图 1-8 所示，可看到新建的工程（以 Helloworld 为例）。

8）单击"文本"按钮，如图 1-9 所示，新建一个文本文件。

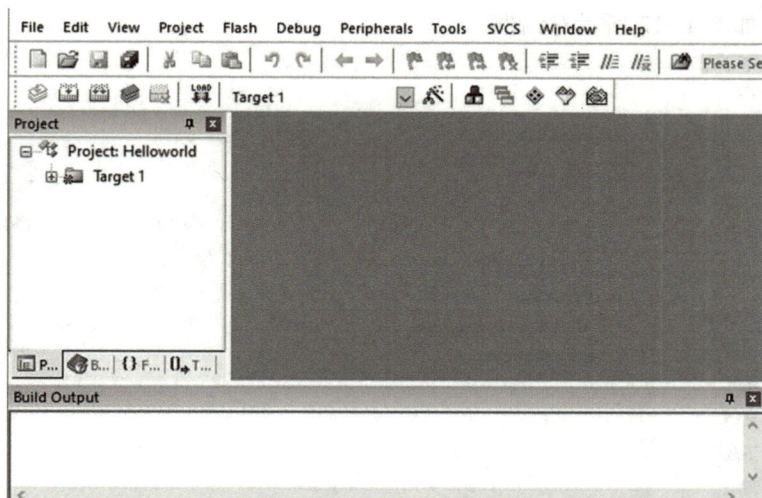

图 1-8　创建完毕界面

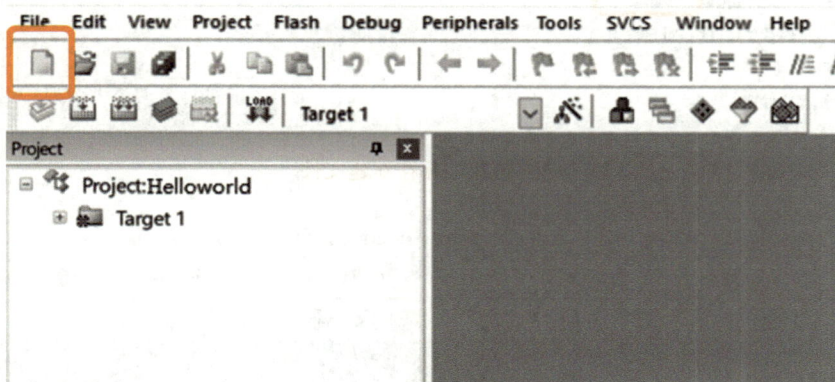

图 1-9　新建文本文件

① 单击"保存"按钮，弹出如图 1-10 所示对话框，默认路径为新建工程下的 USER 文件夹，在"文件名"文本框中输入"main.c"，单击"保存"按钮。若是编写 C 语言程序以 .c 结尾，若是编写汇编语言程序以 .s 结尾。

② 对于新建的 main.c 文件，需要在文件中添加内容。在文件夹 USER 下找到 main.c 文件，打开后添加下述主函数并保存。

```
1.      int main(void)
2.      { ;
3.      }
```

9) 如图 1-11 所示，将光标放置在"Target 1（目标 1）"处，单击鼠标右键，从弹出的快捷菜单中选择"Manage Project Items…（管理工程项目）"命

笔 记

令，弹出如图 1-12 所示对话框。

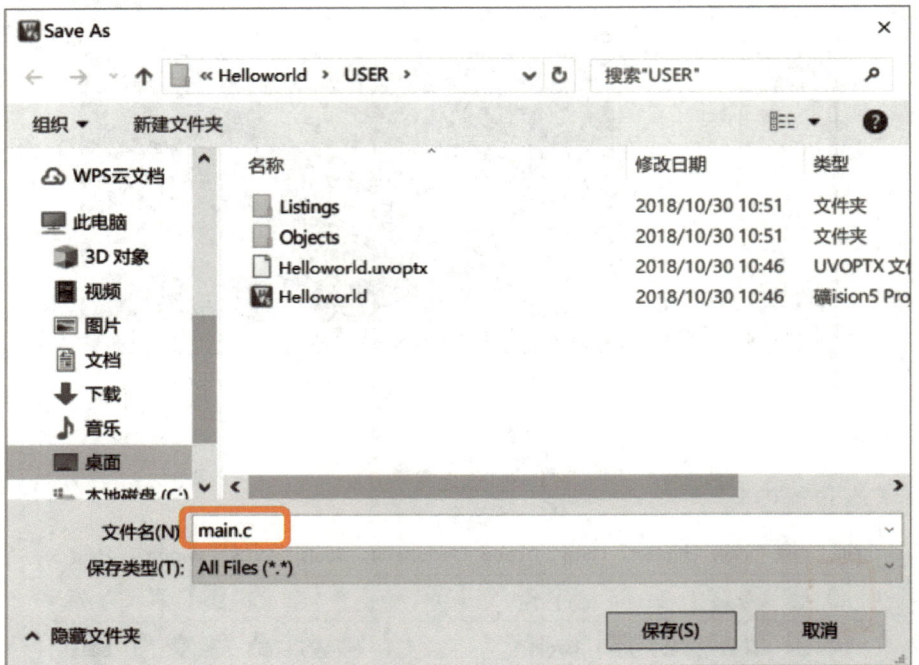

图 1-10　保存新建文件

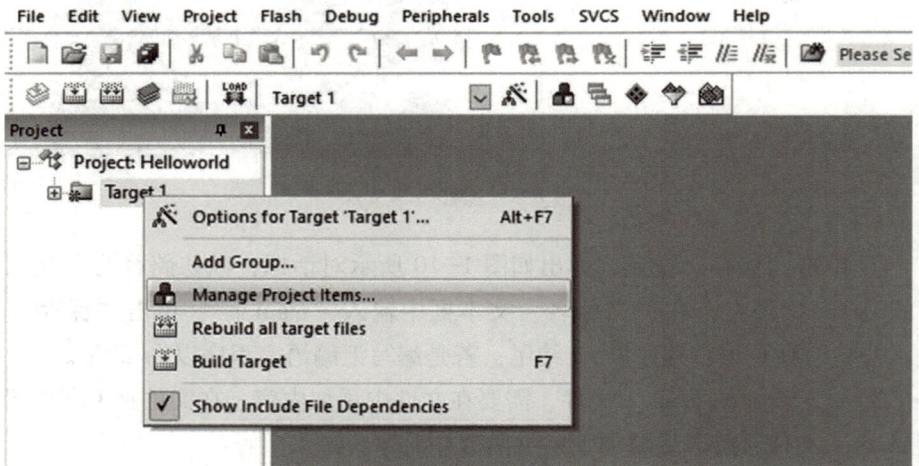

图 1-11　选择管理工程项目

10）单击如图 1-13 中"1"处"新建"按钮，依次新建五个组文件夹：HARDWARE、SYSTEM、CMSIS、FWLIB、USER，如图 1-13 中"2"处所示。

11）为上述的五个组文件夹依次添加文件。

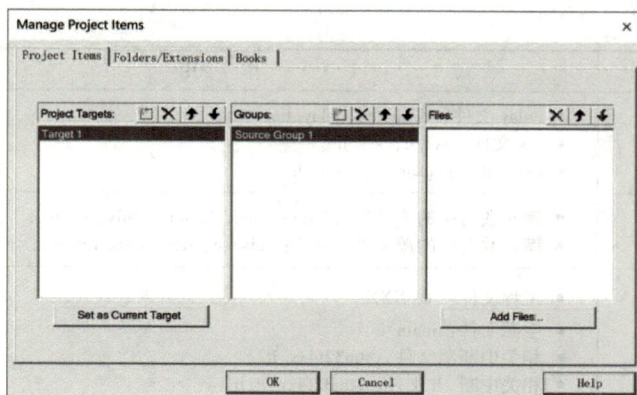

图 1-12 添加工程项目

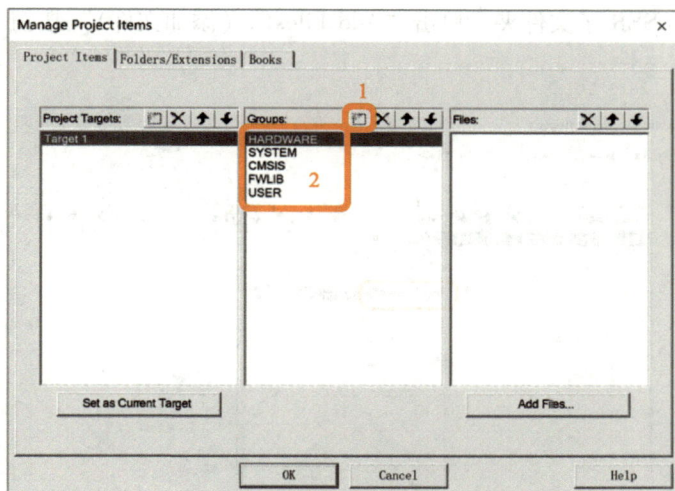

图 1-13 添加五个组文件夹

工程内组文件夹中需要添加的文件见表 1-2。

表 1-2 工程内组文件夹内容清单

名　称	作　用
HARDWARE	用户编写的驱动文件。例如： ● LED 灯驱动文件：led. c、led. h； ● 按键驱动文件：key. c、key. h
CMSIS	● 内核功能的定义：core_cm4. h ● 内核核心功能接口头文件：ore_cmFunc. h ● 包含内核核心专用指令：core_cmInstr. h ● 包含与编译器相关的处理：core_cmSimd. h ● 启动文件：startup_stm32f40_41xxx. s ● 头文件：stm32f4xx. h ● 系统源文件：system_stm32f4xx. c ● 系统 . h 文件：system_stm32f4xx. h

笔　记

（续）

名　　称	作　　用
SYSTEM	• delay 文件：delay.c、delay.h • sys 文件：sys.c、sys.h • usart 文件：usart.c、usart.h
FWLIB	• 库函数对应的头文件（inc）：misc.h、stm32f40x_rcc.h… • 库函数对应的源文件（src）：misc.c、stm32f40x_rcc.c…
USER	• 工程文件：📹 XXX • 主源文件：main.c • 相关中断源文件：stm32f4xx_it.c • 相关中断.h文件：stm32f4xx_it.h

将组文件夹对应的文件添加进来，以添加 mian.c 文件为例。

① 选中 USER 子文件夹，单击"Add Files…（添加文件）"按钮，如图 1-14 所示。

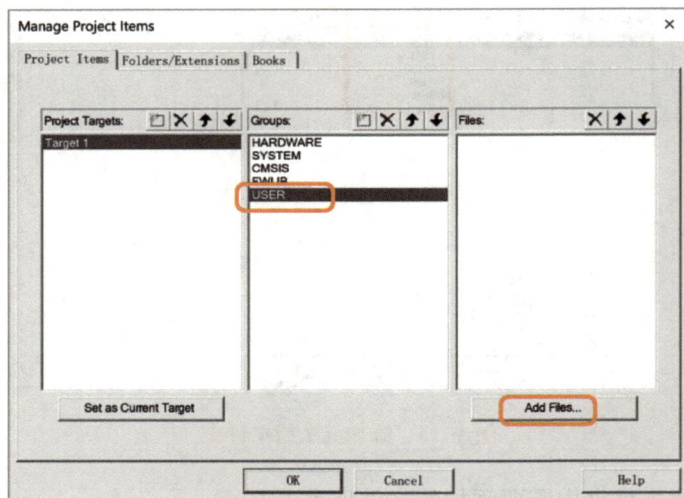

图 1-14　添加用户文件

② 弹出如图 1-15 所示对话框。选择工程文件中的 USER 子文件夹，选择刚才新建的 main.c 文件，单击"Add（添加）"按钮，添加文件，单击"Close（关闭）"按钮关闭对话框。

③ 在"Files"中可以看到已添加的文件，如图 1-16 所示。

④ 按照此方法添加其他子文件夹中的文件。

FWLIB 组文件夹在添加文件时要特别的注意，需要将固件库中的 src 文件夹中的源文件都添加进来，但是其中的"stm32f4xx_fmc.c"文件不用添加，如图 1-17 和图 1-18 所示。

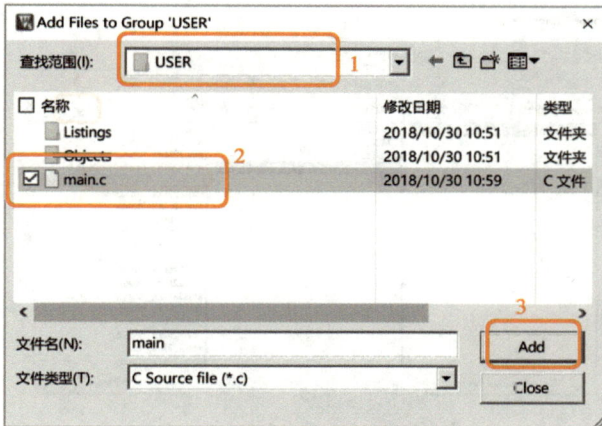

图 1-15　添加主源文件

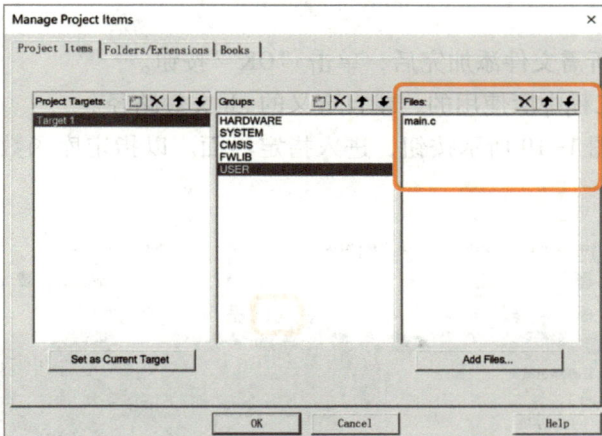

图 1-16　主源文件添加完毕

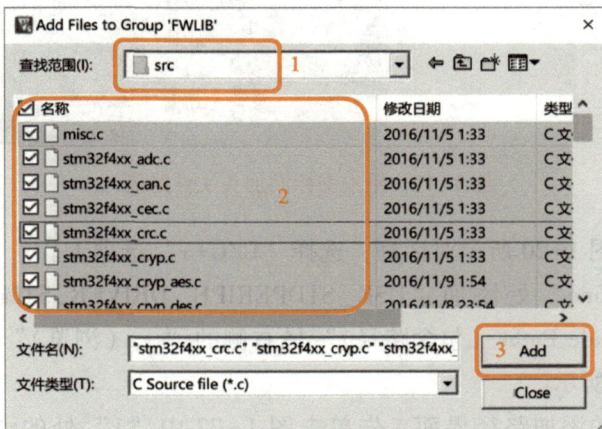

图 1-17　添加固件库源码文件

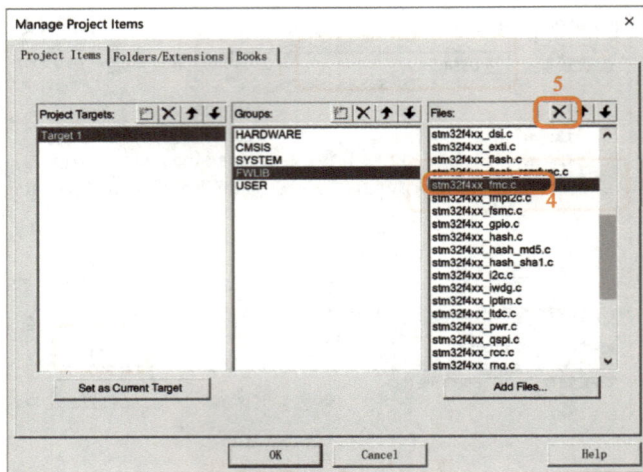

图 1-18　删除多余文件

⑤ 将所有所需文件添加完后，单击"OK"按钮。

12）指定工程中所使用的，或自定义的 .h 文件路径。

① 单击如图 1-19 所示按钮，进入指定界面。以指定库函数对应的头文件为例。

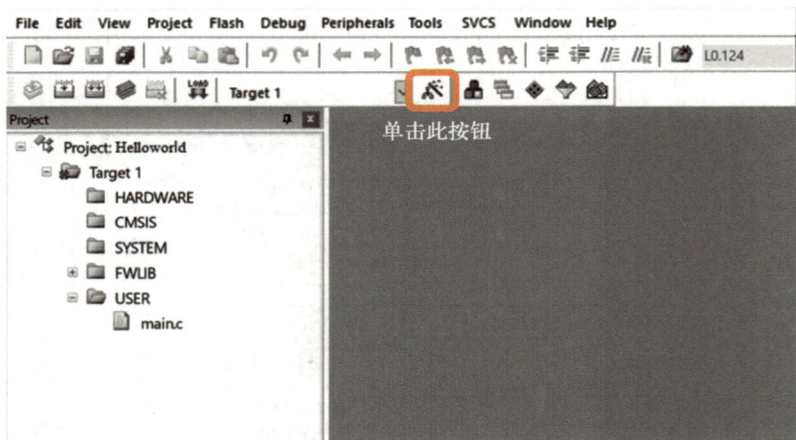

图 1-19　单击图标添加头文件路径

② 弹出如图 1-20 所示对话框，选择"C/C++"选项卡。

③ 在"Define"处添加"USE_STDPERIPH_DRIVER, STM32F40_41xxx"后，单击"Include Paths（包含路径）"最右侧的"…（浏览）"按钮来添加路径，如图 1-21 所示。

④ 在弹出的添加路径界面，先单击图 1-22 中"1"处的"添加"按钮，再单击"2"处的"…（浏览）"按钮来添加路径，如图 1-22 所示。

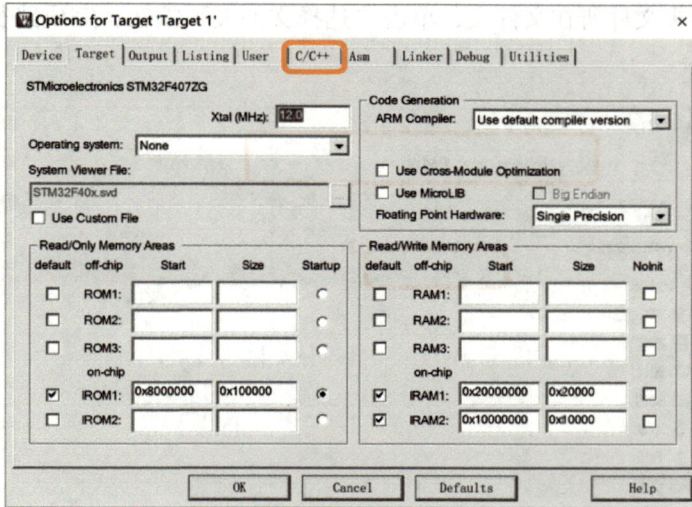

图 1-20 添加头文件对话框

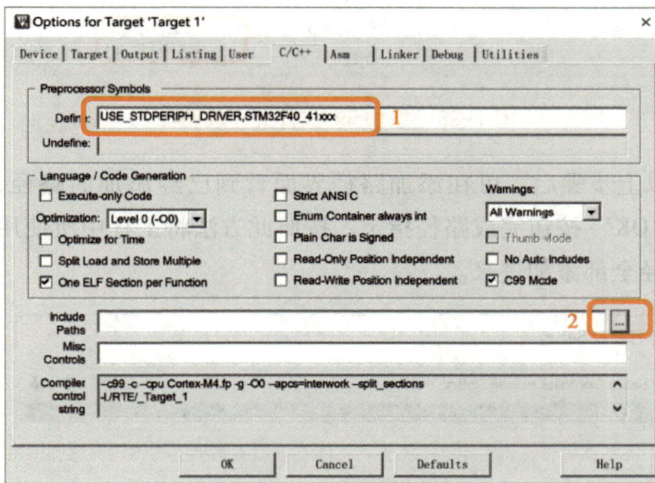

图 1-21 添加宏定义

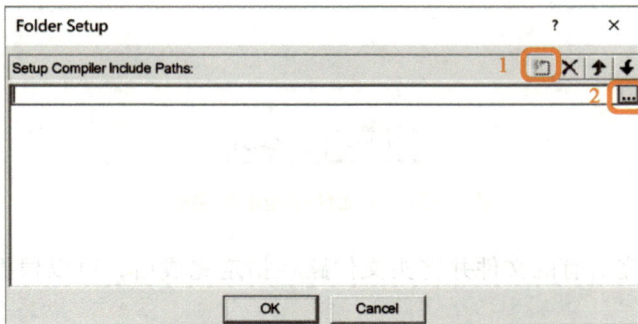

图 1-22 添加头文件路径

⑤ 选择头文件所在文件夹，单击"选择文件夹"按钮，完成路径选择，如图 1-23 所示。

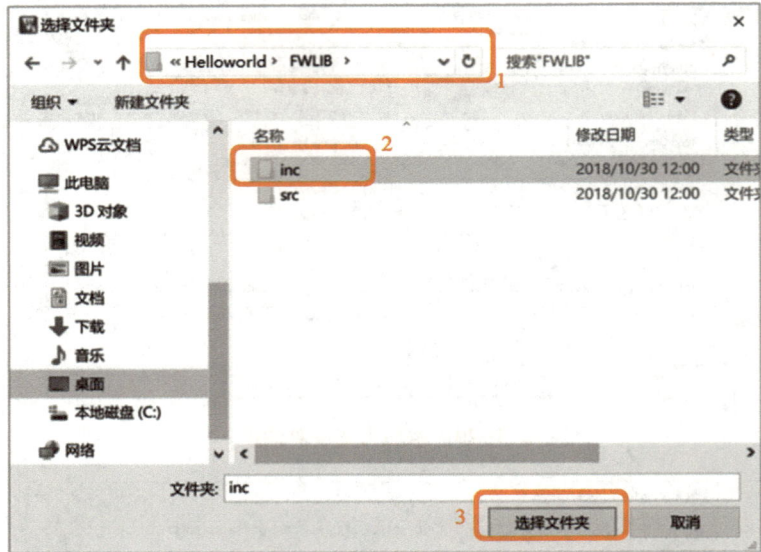

图 1-23　添加 inc 文件夹存放路径

⑥ 完成以上步骤后，可在添加路径界面看到已经添加的路径，如图 1-24 所示。单击"OK"按钮完成路径指定。按照此方法将工程中所使用的或自定义的 .h 文件路径全部添加进来。

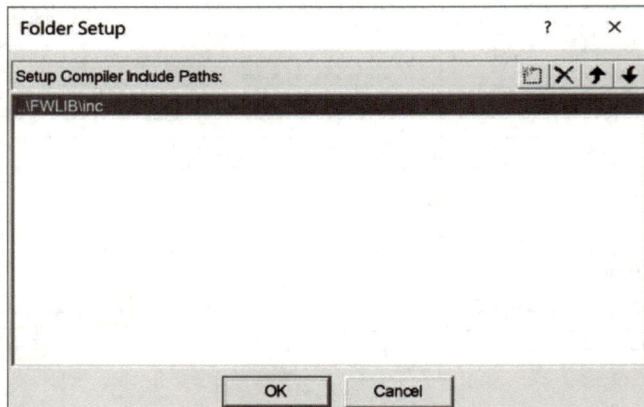

图 1-24　头文件路径添加完毕

13）添加完所有的文件并将头文件路径指定完成后，可以根据需要开始编写程序。

1.3.3　程序下载与编译

1.3.3　程序
下载与编译

程序编写完毕后，要完成下载和编译，才能在开发板上正常运行。

1）打开 MDK5 软件，选择"Project（工程）"→"Open project...（打开工程）"命令，如图 1-25 所示。

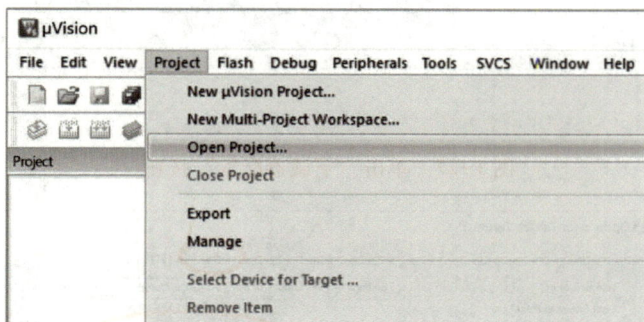

图 1-25　单击打开工程

2）找到工程存放路径，选择已经编写好的工程，单击"打开"按钮，如图 1-26 所示。

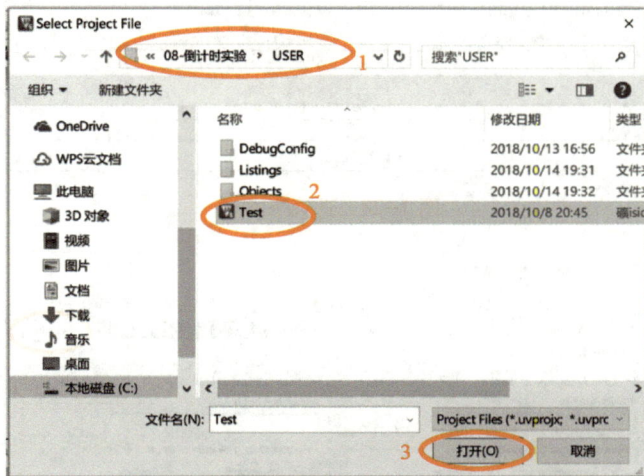

图 1-26　选择工程

3）单击如图 1-27 所示"下载器配置"按钮，进行下载器配置。

4）选择"Debug（编译）"选项卡。这里以 J-LINK 仿真器为例，在 Debug 的下拉列表中选择 J-LINK/J-TRACE Cortex 选项，如图 1-28 所示。

5）单击"Settings（设置）"按钮，如图 1-29 所示，进入设置界面。

笔 记

笔记

图 1-27　单击"下载器配置"按钮

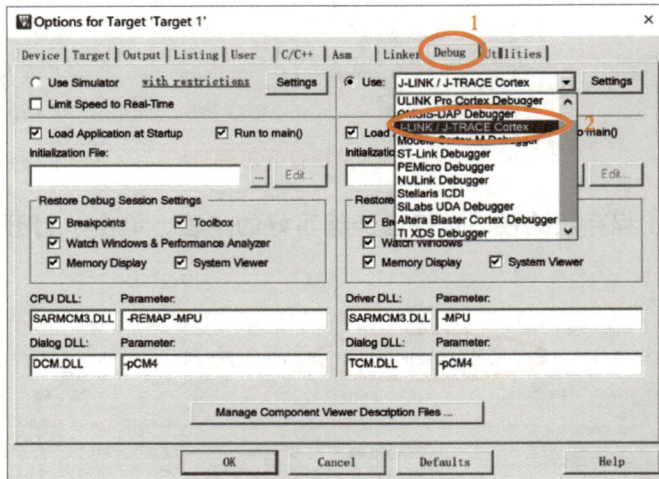

图 1-28　选择下载器

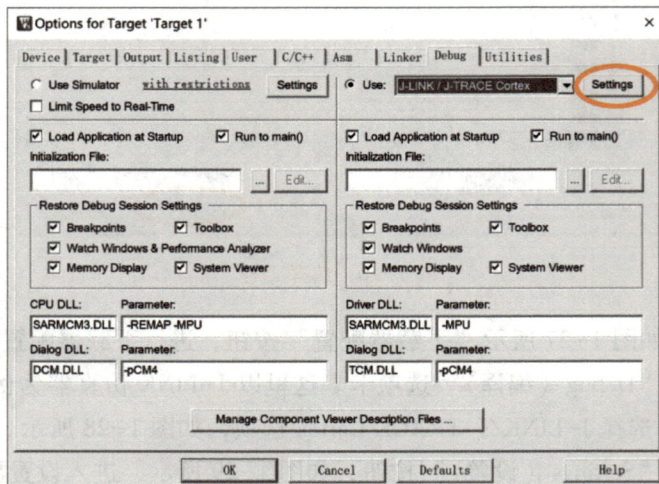

图 1-29　下载器设置

6）选择 Debug 选项卡，在"Port（端口）"选项中选择 SW 模式，出现如图 1-30 中"3"处所示信息，表示仿真器识别到了开发板的芯片。

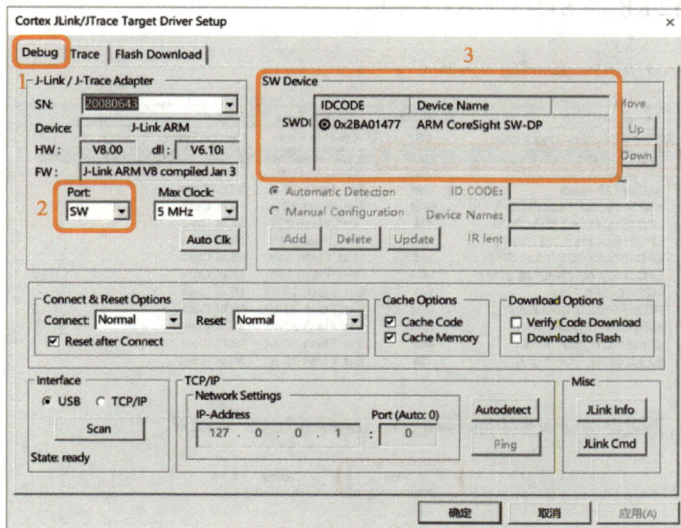

图 1-30　下载器配置及识别成功

说明：完成此步骤需要用仿真器提前将计算机和开发板连接起来，并且开发板已经上电。

7）选择"Flash Download（闪存下载）"选项卡，按照如图 1-31 所示完成下载配置。勾选"Reset and Run（复位运行）"复选框，则在下载完程序会自动复位，无须手动复位。

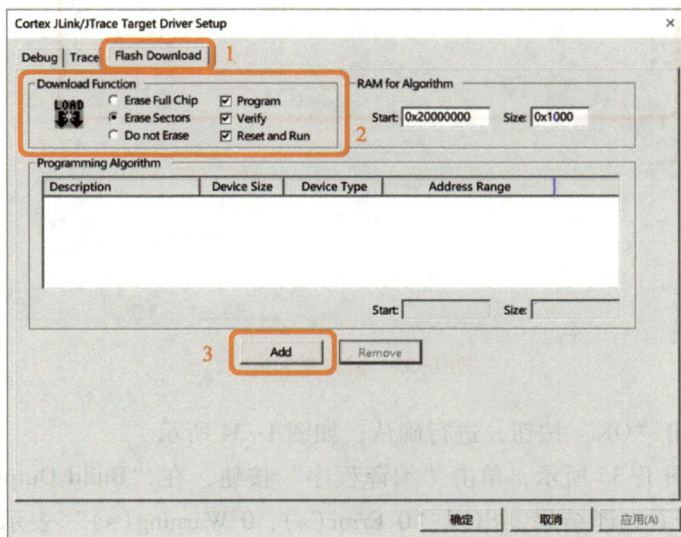

图 1-31　添加闪存

8）按照图 1-32 所示选中正确的闪存后单击"Add"按钮，添加芯片的闪存。这里所采用的 STM32 的闪存大小是 1 MB 或 512 KB 的，所以选择容量大小为 1 MB 或 512 KB 的 STM32F4xx Flash。

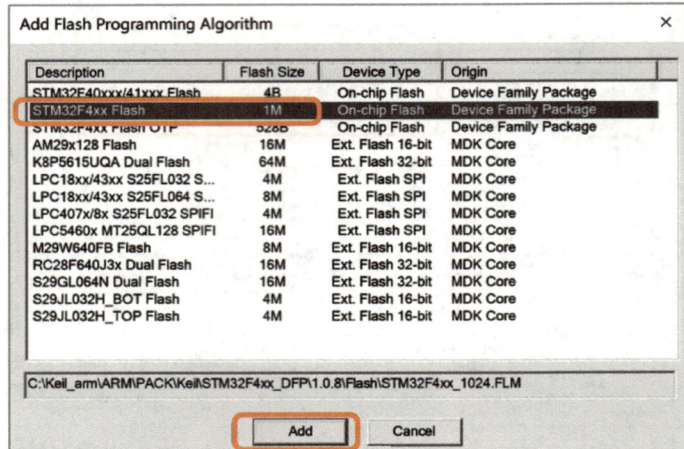

图 1-32　选中对应闪存

9）单击"确定"按钮，如图 1-33 所示，表示闪存添加成功。

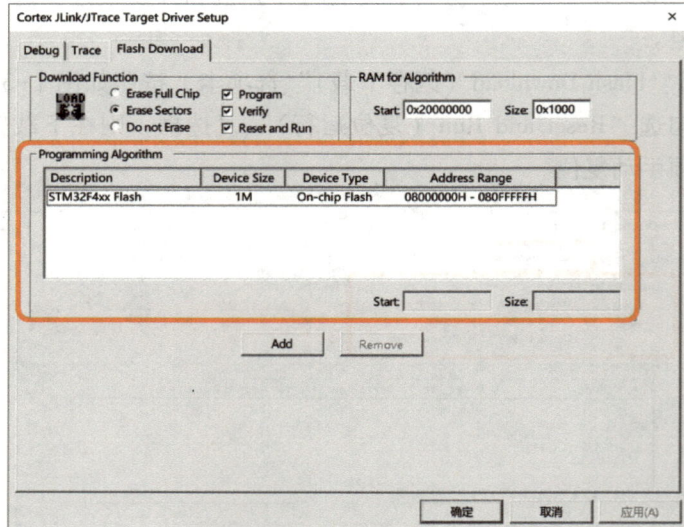

图 1-33　闪存添加成功

10）单击"OK"按钮，进行确认，如图 1-34 所示。

11）如图 1-35 所示，单击"编译程序"按钮，在"Build Output（编译输出）"窗口查看编译结果，出现"0 Error（s），0 Warning（s）"表示编译通过。只有编译通过，程序才能被下载。

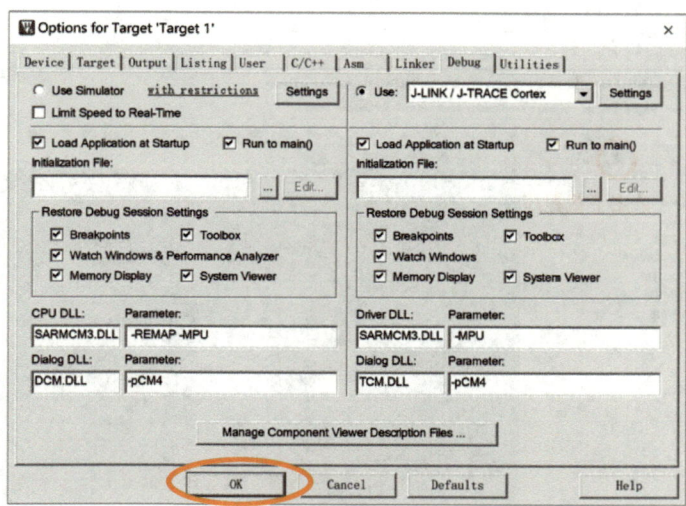

图 1-34 单击"OK"按钮

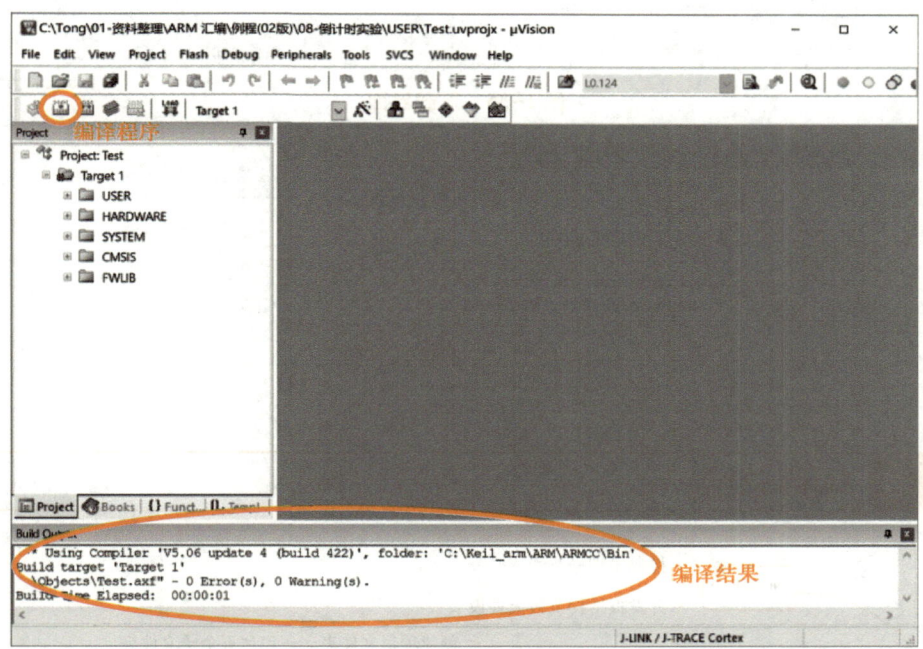

图 1-35 编译程序

12）编译成功后，按照图 1-36 所示，单击"下载程序"按钮，将程序下载到开发板，下载成功界面如图 1-37 所示。

注意： 下载程序前，需要确保仿真器已将计算机和开发板连接起来，并且开发板已上电。

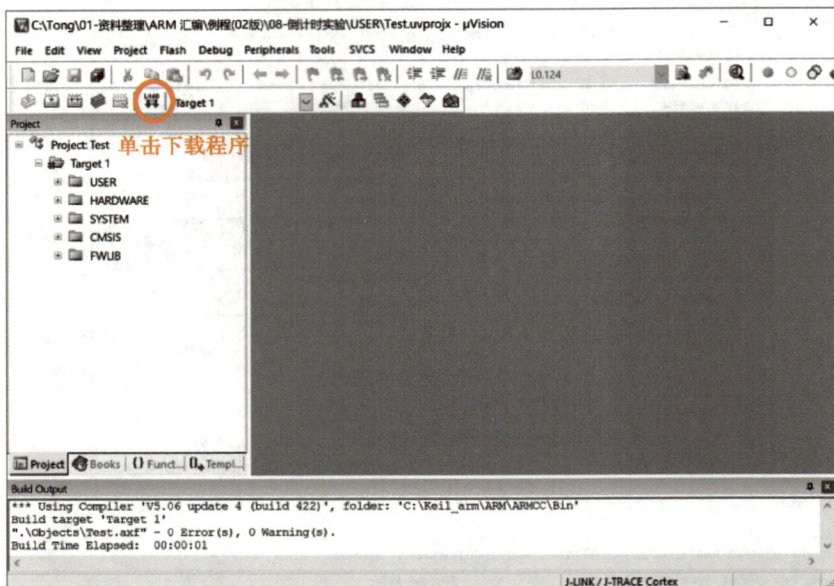

图 1-36　下载界面

图 1-37　下载成功界面

1.4　项目总结

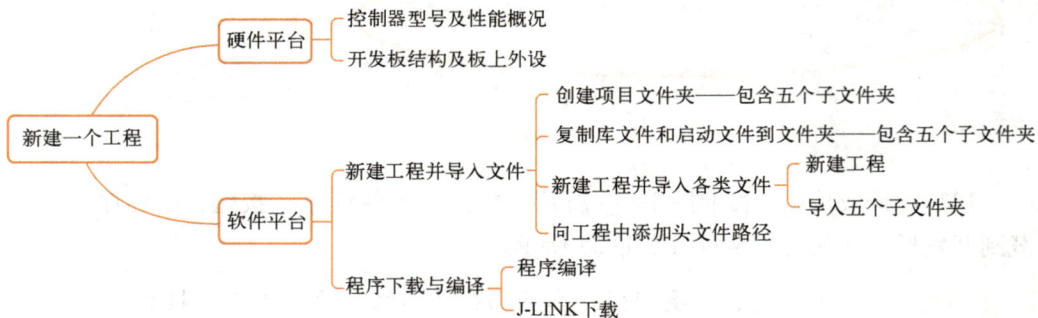

习题

1. 请简述 STM32F4 系列微控制器的主要特点。
2. 请简述 STM32F4 开发板新建工程的操作步骤。
3. 对于 J-LINK 仿真器，程序下载前应完成哪些配置？

项目 2　流水灯设计

对于 STM32 开发板来说，最简单的就是对于输入/输出（I/O）的高低电平控制，本项目将通过一个典型的流水灯设计开启 STM32 的编程学习。本项目要实现的是控制 STM32 开发板上的四个 LED 灯，实现四个灯的依次点亮和熄灭，最终出现类似流水灯的效果，其关键是如何控制 STM32 的 I/O 口输出。

2.1　项目目标

1）熟练掌握 STM32 微控制器 GPIO 的相关配置。

2）能通过查看硬件编程实现 LED 流水灯。

3）养成小组合作、耐心细心的品质。

了解 STM32 微控制器相关 GPIO 寄存器的配置方法，调用标准库函数实现 STM32 微控制器控制 LED 灯的亮灭，实现四路 LED 灯间隔 500 ms 的流水效果。

2.2　项目基础知识

2.2.1　LED 灯简介

发光二极管（Light Emitting Diode，LED）是一种能够将电能转化为可见光的固态半导体器件，它可以直接把电能转化为光能。LED 的"心脏"是一个半导体晶片，晶片的一端附在一个支架上作为负极，另一端作为电源正极，整个晶片被环氧树脂密封。

贴片 LED 灯的特点如下。

1）发光原理是属于冷性发光，而非借由加热或放电发光，所以元件寿命比钨丝灯泡寿命长 50～100 倍，约十万小时。

2）无须暖灯时间，点亮响应速度比一般电灯快（3～400 ns）。

3）电光转换效率高，耗电量小，比灯泡省 1/20～1/3 的能源消耗。

4）耐振性佳、可靠度高、系统运转成本低。

5）易小型、薄型、轻量化，无形状限制，应用范围广。

2.2.2　LED 灯工作原理

如图 2-1 所示，发光二极管正向导通时，LED 灯点亮。

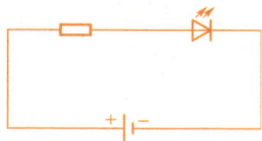

图 2-1　发光二极管正向导通

LED 电路原理图如图 2-2 所示，R13 位置电阻作为限流电阻，由电路图可知，GPIO 输出高电平 LED 灯点亮，GPIO 输出低电平 LED 灯熄灭。

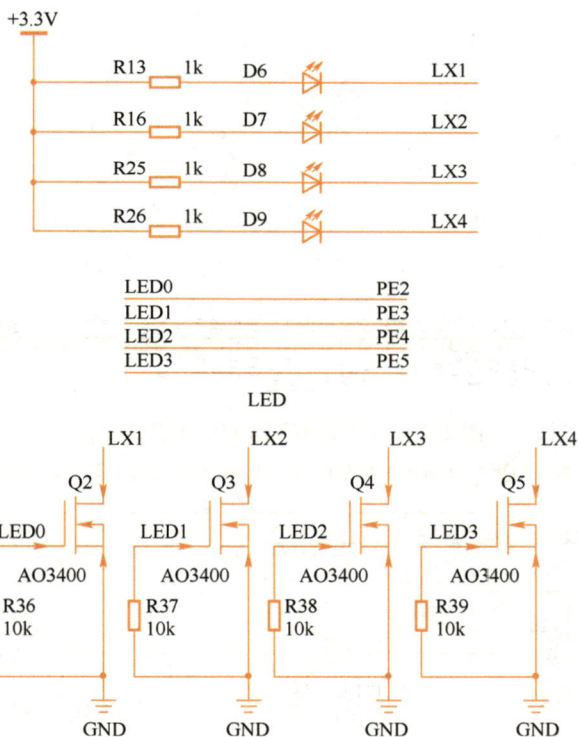

图 2-2　LED 电路原理图

2.2.3　STM32 微控制器 GPIO 基本结构

STM32F407ZET6 有 114 个 I/O 端口包括 GPIOA～GPIOG 共 7 组（每组 16 个），以及 PH0 和 PH1 两个独立引脚。除当作正常 GPIO 使用以外，还可以复用为其他功能使用（如串口），其封装引脚分布如图 2-3 所示。

GPIO 内部结构如图 2-4 所示。

2.2.3　STM32
微控制器
GPIO 基本结构

笔记

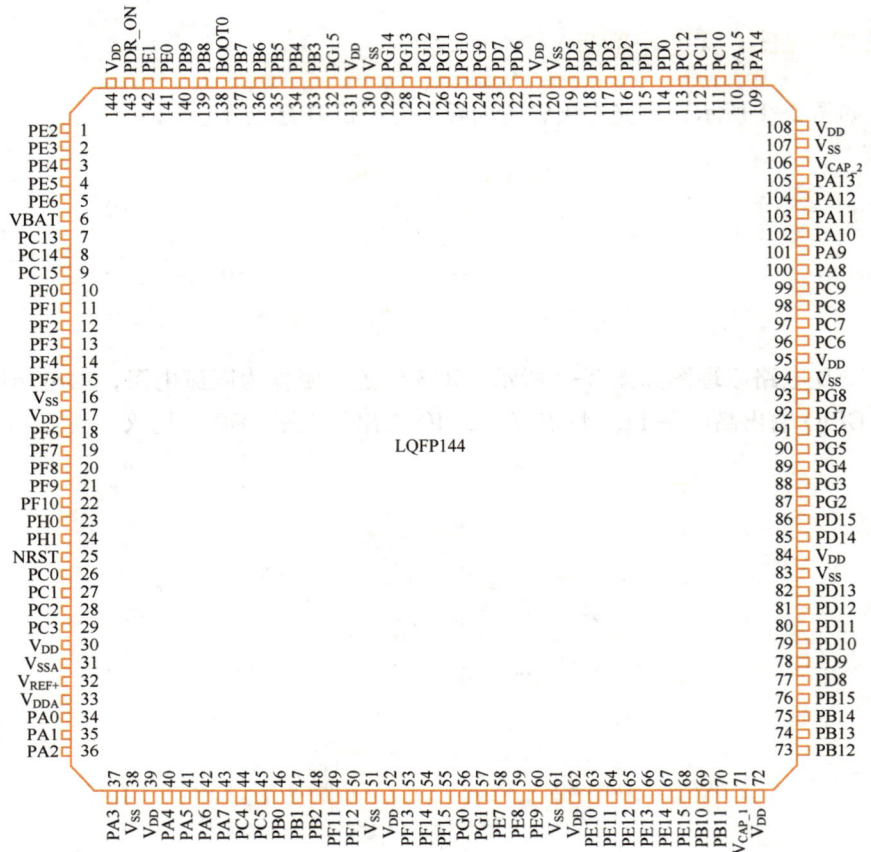

图 2-3　STM32F407 LQFP144 引脚分布

注：LQFP（Low Profile Quad Flat Package）是薄型四平面封装。

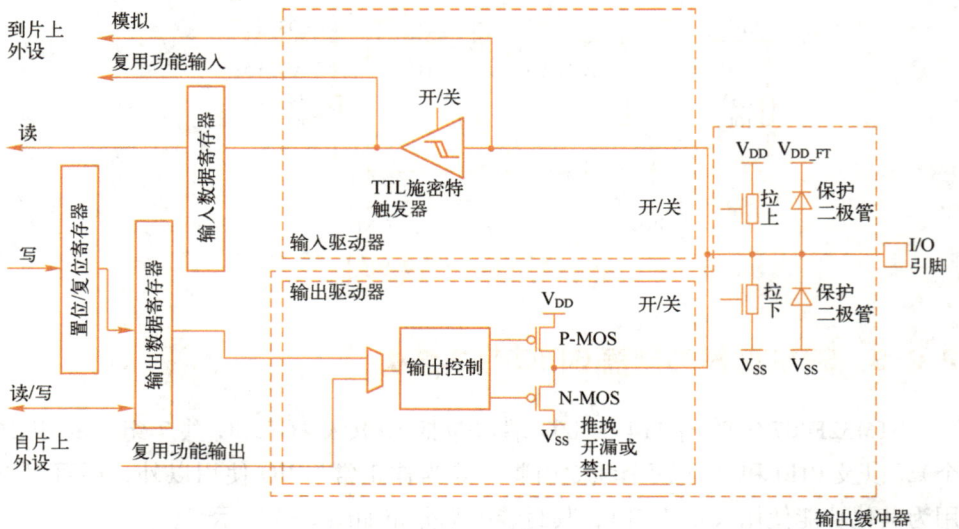

图 2-4　兼容 5V 的 I/O 端口位的基本结构

STM32 的 GPIO 端口支持多种工作模式，根据实际需要，可以由软件配置为四种类型：输入模式、模拟配置、输出模式和复用模式。

1. 输入模式

输出缓冲器被关闭，施密特触发器输入被打开，根据 GPIOx_PUPDR 寄存器中的值决定是否打开上拉和下拉电阻，输入数据寄存器每隔 1 个 AHB1 时钟周期对 I/O 引脚上的数据进行一次采样，对输入数据寄存器的读访问可获取 I/O 状态。

1）输入浮空模式如图 2-5 所示。信号进入芯片内部后，既没有接上拉电阻也没有接下拉电阻，经由施密特触发器输入，浮空输入的电平是不确定的，完全由外部的输入决定，按键一般配置为输入浮空模式。

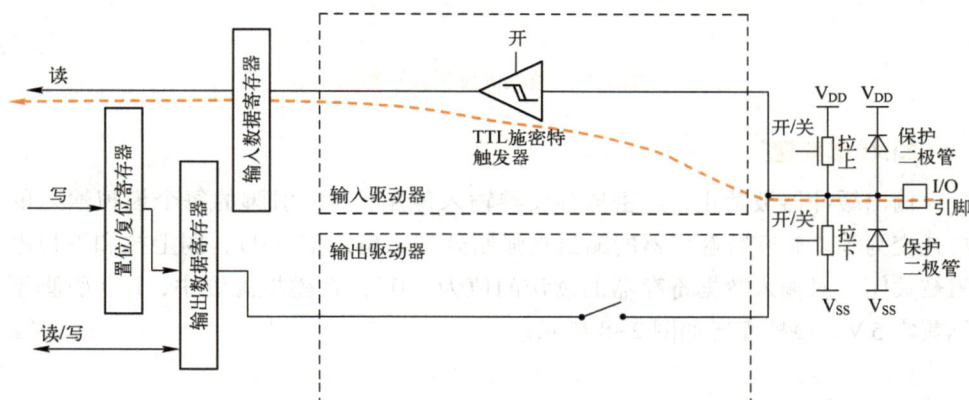

图 2-5　输入浮空模式示意图

2）输入上拉模式如图 2-6 所示。输入上拉就是信号进入芯片后加一个上拉电阻，再经过施密特触发器转换成 0、1 信号，读取此时的引脚电平为高电平。

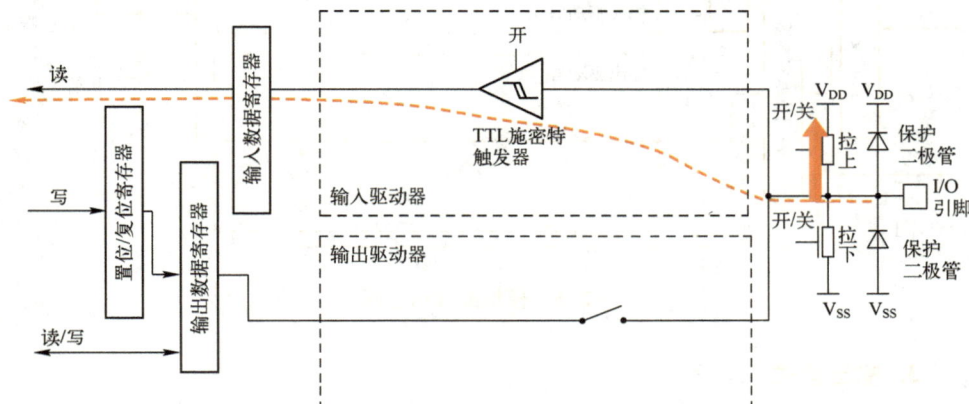

图 2-6　输入上拉模式示意图

3）输入下拉模式如图 2-7 所示。下拉输入就是信号进入芯片后加了一个下拉电阻，再经过施密特触发器转换成 0、1 信号，读取此时的引脚电平为低电平。

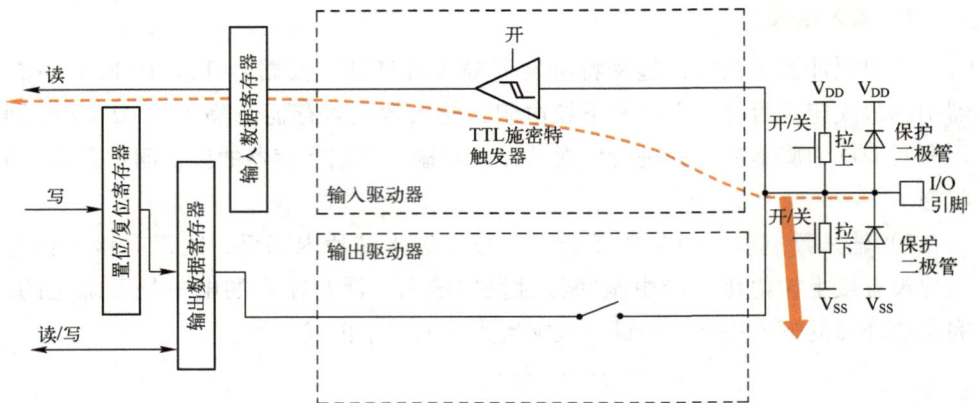

图 2-7　输入下拉模式示意图

2. 模拟配置

输出缓冲器被禁止，施密特触发器输入停用，I/O 引脚的每个模拟输入的功耗变为零。施密特触发器的输出被强制处理为恒定值（0），弱上拉和下拉电阻被关闭，对输入数据寄存器的读访问值为"0"，在模拟配置中，I/O 引脚不能兼容 5 V。模拟配置如图 2-8 所示。

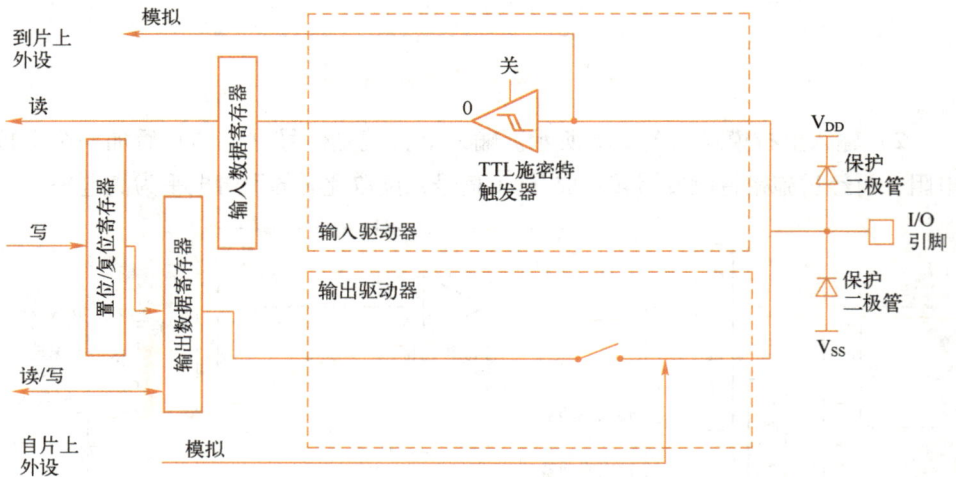

图 2-8　模拟配置示意图

3. 输出模式

输出缓冲器被打开，施密特触发器输入被打开，根据 GPIOx_PUPDR 寄存器中的值决定是否打开弱上拉电阻和下拉电阻，输入数据寄存器每隔 1 个 AHB1

时钟周期对 I/O 引脚上的数据进行一次采样，对输入数据寄存器的读访问可获取 I/O 状态，对输出数据寄存器的读访问可获取写入值。

开漏输出模式如图 2-9 所示。输出数据寄存器中的"0"可激活 N-MOS，而输出数据寄存器中的"1"会使端口保持高组态（Hi-Z）（P-MOS 始终不激活）。且只可以输出强低电平，高电平得靠外部电阻拉高。输出端相当于三极管的集电极，要得到高电平状态需要上拉电阻才行，适合于做电流型的驱动，其吸收电流的能力相对强（一般在 20 mA 以内）。

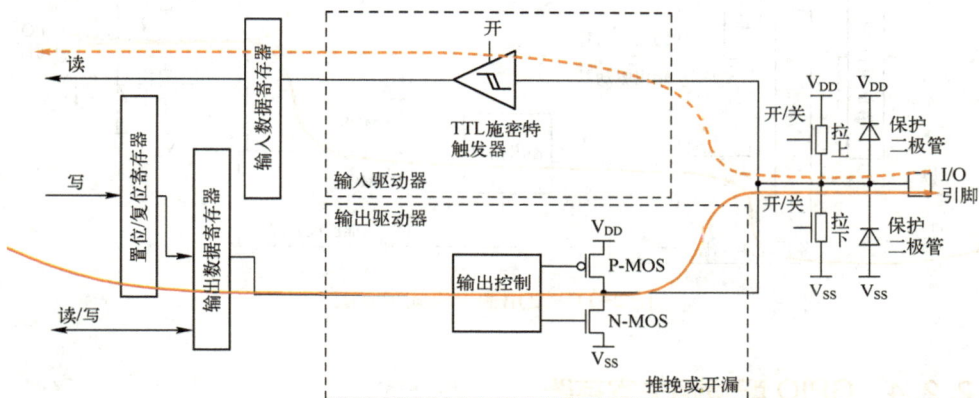

图 2-9　开漏输出模式示意图

推挽输出模式如图 2-10 所示。输出数据寄存器中的"0"可激活 N-MOS，而输出数据寄存器中的"1"可激活 P-MOS。此种模式可以提供较强的高/低电平输出能力，适用于驱动负载电路或数字电路接口。

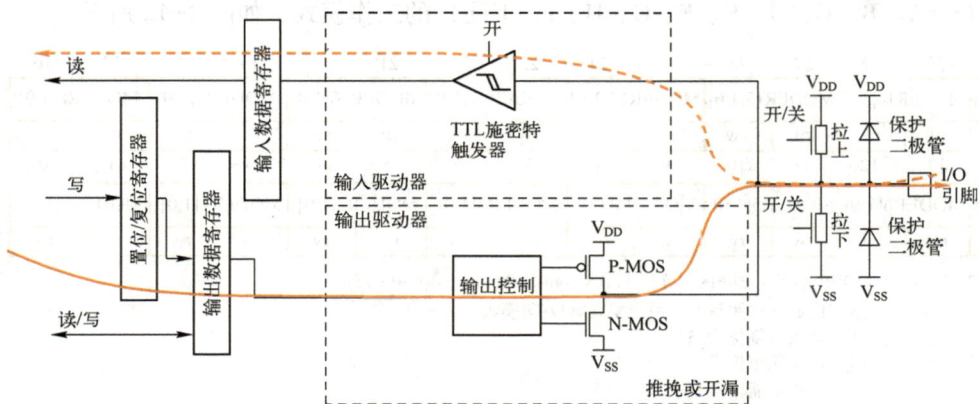

图 2-10　推挽输出模式示意图

4. 复用模式

可将输出缓冲器配置为开漏或推挽，输出缓冲器由来自外设的信号驱动（发送器使能和数据），施密特触发器输入被打开，根据 GPIOx_PUPDR 寄存器中的值决定是否打开弱上拉电阻和下拉电阻，输入数据寄存器每隔 1 个 AHB1 时钟周期对 I/O 引脚上的数据进行一次采样，对输入数据寄存器的读访问可获取 I/O 状态。

复用输出模式如图 2-11 所示。

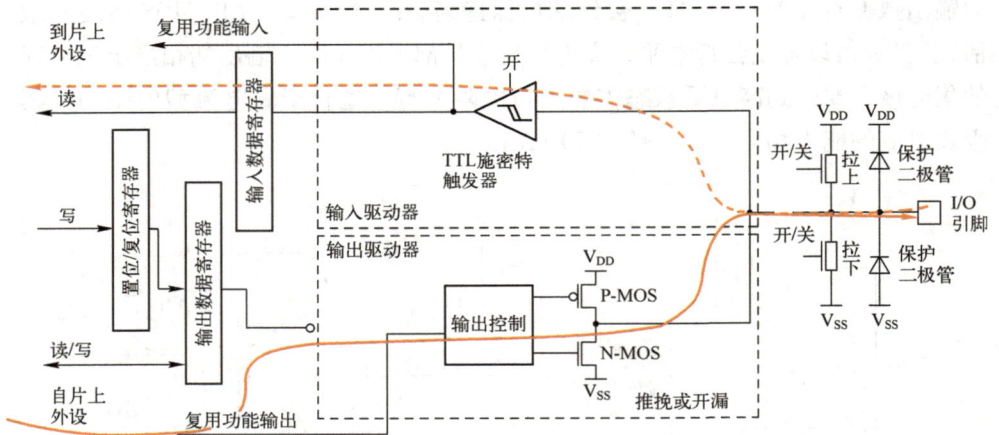

图 2-11　复用输出模式示意图

2.2.4　GPIO 配置相关寄存器

2.2.4　GPIO 配置相关寄存器

STM32 微控制器每个 GPIO 有四个 32 位存储器映射的控制寄存器（GPIOx_MODER、GPIOx_OTYPER、GPIOx_OSPEEDR、GPIOx_PUPDR），可配置多达 16 个 I/O。

1) GPIOx_MODER 寄存器是 GPIO 端口模式控制寄存器，用于控制 GPIOx（x = A、B、C、D、E、F、G、H、I，下同）的工作模式，如图 2-12 所示。

31	30	29	28	27	26	25	24	23	22	21	20	19	18	17	16
MODER15[1:0]		MODER14[1:0]		MODER13[1:0]		MODER12[1:0]		MODER11[1:0]		MODER10[1:0]		MODER9[1:0]		MODER8[1:0]	
rw	rw	rw	rw	rw	rw	rw	rw	rw	rw	rw	rw	rw	rw	rw	rw
15	14	13	12	11	10	9	8	7	6	5	4	3	2	1	0
MODER7[1:0]		MODER6[1:0]		MODER5[1:0]		MODER4[1:0]		MODER3[1:0]		MODER2[1:0]		MODER1[1:0]		MODER0[1:0]	
rw	rw	rw	rw	rw	rw	rw	rw	rw	rw	rw	rw	rw	rw	rw	rw

位2y:2y+1　MODERy[1:0]：端口x配置位(Port x configuration bits)(y=0…15)
　　　　这些位通过软件写入，用于配置I/O方向模式。
　　　　00：输入（复位状态）
　　　　01：通用输出模式
　　　　10：复用功能模式
　　　　11：模拟模式

图 2-12　端口模式控制寄存器

2) GPIOx_OTYPER 寄存器是 GPIO 端口输出类型寄存器，用于控制 GPIOx 的输出类型（推挽或开漏），如图 2-13 所示。

31	30	29	28	27	26	25	24	23	22	21	20	19	18	17	16
寄存器															

15	14	13	12	11	10	9	8	7	6	5	4	3	2	1	0
OT15	OT14	OT13	OT12	OT11	OT10	OT9	OT8	OT7	OT6	OT5	OT4	OT3	OT2	OT1	OT0
rw	rw	rw	rw	rw	rw	rw	rw	rw	rw	rw	rw	rw	rw	rw	rw

位31:16 保留，必须保持复位值。

位15:0 OTy[1:0]：端口x配置位(Port x configuration bits)(y=0…15)

这些位通过软件写入，用于配置I/O端口的输出类型。

0：推挽输出（复位状态）

1：开漏输出

图 2-13　端口输出类型寄存器

3）GPIOx_OSPEEDR 寄存器是 GPIO 端口输出速度寄存器，用于控制 GPIOx 的输出速度，如图 2-14 所示。

31	30	29	28	27	26	25	24	23	22	21	20	19	18	17	16
OSPEEDR15[1:0]		OSPEEDR14[1:0]		OSPEEDR13[1:0]		OSPEEDR12[1:0]		OSPEEDR11[1:0]		OSPEEDR10[1:0]		OSPEEDR9[1:0]		OSPEEDR8[1:0]	
rw	rw	rw	rw	rw	rw	rw	rw	rw	rw	rw	rw	rw	rw	rw	rw

15	14	13	12	11	10	9	8	7	6	5	4	3	2	1	0
OSPEEDR7[1:0]		OSPEEDR6[1:0]		OSPEEDR5[1:0]		OSPEEDR4[1:0]		OSPEEDR3[1:0]		OSPEEDR2[1:0]		OSPEEDR1[1:0]		OSPEEDR0[1:0]	
rw	rw	rw	rw	rw	rw	rw	rw	rw	rw	rw	rw	rw	rw	rw	rw

位2y:2y+1 OSPEEDRy[1:0]：端口x配置位(Port x configuration bits)(y=0…15)

这些位通过软件写入，用于配置I/O输出速度。

00：2MHz（低速）

01：25MHz（中速）

10：50MHz（快速）

11：高速。如果外部电路的等效电容为30pF时，I/O端口输出速度可达100MHz（高速）；如果外部电路的等效电容为15pF时，I/O端口输出速度可达80MHz（最大速度）。

图 2-14　端口输出速度寄存器

说明：GPIOx_OTYPER 和 GPIOx_OSPEEDR 这两个寄存器仅用于输出模式，在输入模式下不起作用。

4）GPIOx_PUPDR 寄存器是 GPIO 端口上拉/下拉寄存器，用于控制 GPIOx 的上拉/下拉，如图 2-15 所示。

31	30	29	28	27	26	25	24	23	22	21	20	19	18	17	16
PUPDR15[1:0]		PUPDR14[1:0]		PUPDR13[1:0]		PUPDR12[1:0]		PUPDR11[1:0]		PUPDR10[1:0]		PUPDR9[1:0]		PUPDR8[1:0]	
rw	rw	rw	rw	rw	rw	rw	rw	rw	rw	rw	rw	rw	rw	rw	rw

15	14	13	12	11	10	9	8	7	6	5	4	3	2	1	0
PUPDR7[1:0]		PUPDR6[1:0]		PUPDR5[1:0]		PUPDR4[1:0]		PUPDR3[1:0]		PUPDR2[1:0]		PUPDR1[1:0]		PUPDR0[1:0]	
rw	rw	rw	rw	rw	rw	rw	rw	rw	rw	rw	rw	rw	rw	rw	rw

位2y:2y+1 PUPDRy[1:0]：端口x配置位(Port x configuration bits)(y=0…15)

这些位通过软件写入，用于配置I/O上拉或下拉。

00：无上拉或下拉

01：上拉

10：下拉

11：保留

图 2-15　端口上拉/下拉寄存器

5）GPIOx_IDR 寄存器是 GPIO 端口输入数据寄存器，如图 2-16 所示。

31	30	29	28	27	26	25	24	23	22	21	20	19	18	17	16
寄存器															

15	14	13	12	11	10	9	8	7	6	5	4	3	2	1	0
IDR15	IDR14	IDR13	IDR12	IDR11	IDR10	IDR9	IDR8	IDR7	IDR6	IDR5	IDR4	IDR3	IDR2	IDR1	IDR0
r	r	r	r	r	r	r	r	r	r	r	r	r	r	r	r

位31:16保留，必须保持复位值。

位15:0 IDRy[15:0]：端口输入数据(Port input data)(y=0…15)

这些位为只读形式，只能在字模式下访问。它们包含相应I/O端口的输入值。

图 2-16　端口输入数据寄存器

6）GPIOx_ODR 寄存器是 GPIO 端口输出数据寄存器，如图 2-17 所示。

31	30	29	28	27	26	25	24	23	22	21	20	19	18	17	16
寄存器															

15	14	13	12	11	10	9	8	7	6	5	4	3	2	1	0
ODR15	ODR14	ODR13	ODR12	ODR11	ODR10	ODR9	ODR8	ODR7	ODR6	ODR5	ODR4	ODR3	ODR2	ODR1	ODR0
rw	rw	rw	rw	rw	rw	rw	rw	rw	rw	rw	rw	rw	rw	rw	rw

位31:16保留，必须保持复位值。

位15:0 ODRy[15:0]：端口输出数据(Port output data)(y=0…15)

这些位可通过软件读取和写入。

注意：对于原子置位/复位，通过写入GPIOx_BSRR寄存器，可分别对ODR位进行置位和复位 (x=A…I)。

图 2-17　端口输出数据寄存器

2.2.5　GPIO 驱动 LED 灯配置

通过 LED 初始化函数来实现 GPIO 驱动 LED 灯亮灭的功能。需要完成 GPIO 的端口配置，并完成时钟的使能（启用）。其中，GPIO 端口配置需要创建一个结构体。代码如下：

```
1.      void LED_Hardware_Init(void)
2.      {
3.          GPIO_InitTypeDef   GPIO_InitStructure;
4.          RCC_AHB1PeriphClockCmd(RCC_AHB1Periph_GPIOE, ENABLE);  //使能 GPIOE 时钟
5.          //GPIO 端口 E2,E3,E4,E5 初始化设置
6.          GPIO_InitStructure.GPIO_Pin = GPIO_Pin_2 | GPIO_Pin_3
7.                                     | GPIO_Pin_4 | GPIO_Pin_5;
8.          GPIO_InitStructure.GPIO_Mode = GPIO_Mode_OUT;          //普通输出模式
9.          GPIO_InitStructure.GPIO_OType = GPIO_OType_PP;         //推挽输出
10.         GPIO_InitStructure.GPIO_Speed = GPIO_Speed_100MHz;     //100MHz
11.         GPIO_InitStructure.GPIO_PuPd = GPIO_PuPd_UP;           //上拉
12.         GPIO_Init(GPIOE, &GPIO_InitStructure);                 //初始化 GPIOE
13.     }
```

在初始状态下所有 LED 灯要全部熄灭，这里介绍常用于控制 GPIO 引脚输出高电平或低电平的四个函数。

1. 函数 GPIO_SetBits()

函数 GPIO_SetBits() 的功能为拉高一个 GPIO 组中指定引脚的电平。

```
1.    void GPIO_SetBits(GPIO_TypeDef * GPIOx, uint16_t GPIO_Pin);
```

第一个参数为 GPIO 组（例：GPIOE），一次置位只能选择一个 GPIO 组。

第二个参数为 GPIO 引脚（例：GPIO_Pin_0），一次置位能选择至多 16 个引脚，可以使用符号"|"连起来（例：GPIO_Pin_0 | GPIO_Pin_1 | GPIO_Pin_2）。

2. 函数 GPIO_ResetBits()

函数 GPIO_ResetBits() 的功能为拉低一个 GPIO 组中指定引脚的电平。与函数 GPIO_SetBits() 的使用方式相同。

```
1.    void GPIO_ResetBits(GPIO_TypeDef * GPIOx, uint16_t GPIO_Pin);
```

3. 函数 GPIO_WriteBit()

函数 GPIO_WriteBit() 的功能为控制指定引脚的电平。

```
1.    void GPIO_WriteBit(GPIO_TypeDef * GPIOx, uint16_t GPIO_Pin, BitAction BitVal);
```

第一个参数为 GPIO 组（例：GPIOE）。

第二个参数为 GPIO 引脚（例：GPIO_Pin_0）。

这两个参数的使用方式与 GPIO_SetBits() 和 GPIO_ResetBits() 一致，用于选择控制 GPIO 组中指定的引脚。

第三个参数为 GPIO 使能（例：ENABLE），这个变量被定义为枚举类型（enum），常用的输入变量有 ENABLE（使能/拉高电平）和 DISABLE（失能/拉低电平）。输入的变量实质是数字"0"和数字"1"，由于函数输入的是已经被定义的枚举变量，所以如果一定要输入"0"和"1"，则应使用（BitAction）强制转换。

控制 GPIOE 指定引脚置为高电平/低电平，从而控制 LED 灯亮/灭状态。宏定义如下。

```
1.    #define LED0(X)    GPIO_WriteBit(GPIOE,GPIO_Pin_2,(BitAction)X)    // LED0
2.    #define LED1(X)    GPIO_WriteBit(GPIOE,GPIO_Pin_3,(BitAction)X)    // LED1
3.    #define LED2(X)    GPIO_WriteBit(GPIOE,GPIO_Pin_4,(BitAction)X)    // LED2
4.    #define LED3(X)    GPIO_WriteBit(GPIOE,GPIO_Pin_5,(BitAction)X)    // LED3
```

笔 记

笔记

以 LED0 为例，LED0(1)控制 GPIOE 的 GPIO_Pin_2 输出高电平，LED0(0)控制 GPIOE 的 GPIO_Pin_2 输出低电平。

4. 函数 GPIO_ToggleBits()

函数名"GPIO_ToggleBits"的意思为取反位，控制一个 GPIO 组中指定的引脚，使其输出电平的状态进行翻转。即原本输出为高电平的引脚，使其输出为低电平；原本输出为低电平的引脚，使其输出为高电平。

```
1.    GPIO_ToggleBits(GPIO_TypeDef * GPIOx, uint16_t GPIO_Pin);
```

第一个输入的变量为 GPIO 组（例：GPIOE）。

第二个输入的变量为 GPIO 引脚（例：GPIO_Pin_0）。

这两个输入变量的使用方式与 GPIO_SetBits() 和 GPIO_ResetBits()一致，用于选择控制 GPIO 组中指定的引脚。

2.3 项目实施

2.3.1 项目实施流程

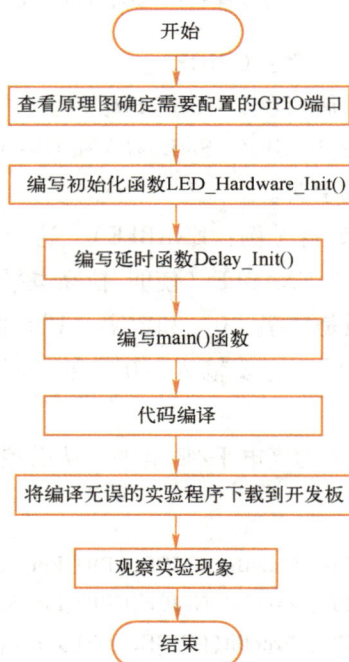

```
              ┌──────────┐
              │   开始   │
              └──────────┘
                    │
     ┌───────────────────────────────────┐
     │  查看原理图确定需要配置的GPIO端口  │
     └───────────────────────────────────┘
                    │
     ┌───────────────────────────────────┐
     │  编写初始化函数LED_Hardware_Init() │
     └───────────────────────────────────┘
                    │
     ┌───────────────────────────────────┐
     │      编写延时函数Delay_Init()       │
     └───────────────────────────────────┘
                    │
     ┌───────────────────────────────────┐
     │          编写main()函数            │
     └───────────────────────────────────┘
                    │
     ┌───────────────────────────────────┐
     │            代码编译                │
     └───────────────────────────────────┘
                    │
     ┌───────────────────────────────────┐
     │  将编译无误的实验程序下载到开发板  │
     └───────────────────────────────────┘
                    │
     ┌───────────────────────────────────┐
     │          观察实验现象              │
     └───────────────────────────────────┘
                    │
              ┌──────────┐
              │   结束   │
              └──────────┘
```

2.3.2 识读原理图

查看开发板硬件原理图确定需要配置的 GPIO 端口，硬件连接如表 2-1 所示。

表 2-1 智能节点核心控制板上的硬件连接

引　脚	硬　件
GPIOE2	LED0
GPIOE3	LED1
GPIOE4	LED2
GPIOE5	LED3

该硬件线路在开发板内部已连接完毕，实验时无须额外接线。

2.3.3 程序编写

使用初始化函数和输出函数实现一个简易的流水灯。

1）在 led. c 函数中创建一个子函数 void LED_Hardware_Init(void)，在此子函数中完成使能 LED 引脚时钟，初始化配置 LED 的引脚，初始熄灭 LED。

2）在 led. h 中已经定义了方便编写的函数（比如：LED0(x)函数，对应的输出函数为 GPIO_WriteBit(GPIOE,GPIO_Pin_2,(BitAction)x)）。

可以使用头文件中已定义函数（比如："LED0(1);"）来点亮 LED0（这里的输入 1 表示点亮 LED）或使用函数 "GPIO_WriteBit(GPIOE,GPIO_Pin_2,(BitAction) 1);" 来点亮 LED0（这里的输入（BitAction）0 表示输出电平为高，以此点亮 LED0）。

在函数中通过点亮 LED、延时 500 ms、熄灭 LED 来表示一个动作，将四个灯进行顺序的点亮和熄灭的方式来完成一个流水灯的周期。代码如下：

```
4.      int main(void)
5.      {
6.          LED_Hardware_Init();
7.          Delay_Init();
8.
9.          while(1)
10.         {
11.             LED0(1);
12.             Delay_ms(500);
13.             LED0(0);
```

```
14.          LED1(1);
15.          Delay_ms(500);
16.          LED1(0);
17.          LED2(1);
18.          Delay_ms(500);
19.          LED2(0);
20.          LED3(1);
21.          Delay_ms(500);
22.          LED3(0);
23.       }
24.    }
```

延时函数"Delay_ms(500);"中，500表示等待的ms级的延时时长，即等待500 ms，可以使用这个函数进行延时等待。

2.3.4 功能测试

2.3.4 功能
测试

代码编译成功后显示（0 Error, 0 Warning）。使用J-LINK连接开发板和计算机，下载程序并复位查看LED流水灯效果。开发板板载四路红色LED灯以500 ms时间间隔循环点亮，依次从左至右循环亮灭，如图2-18所示。

图2-18　程序运行结果（四盏灯循环亮灭）

2.4 项目总结

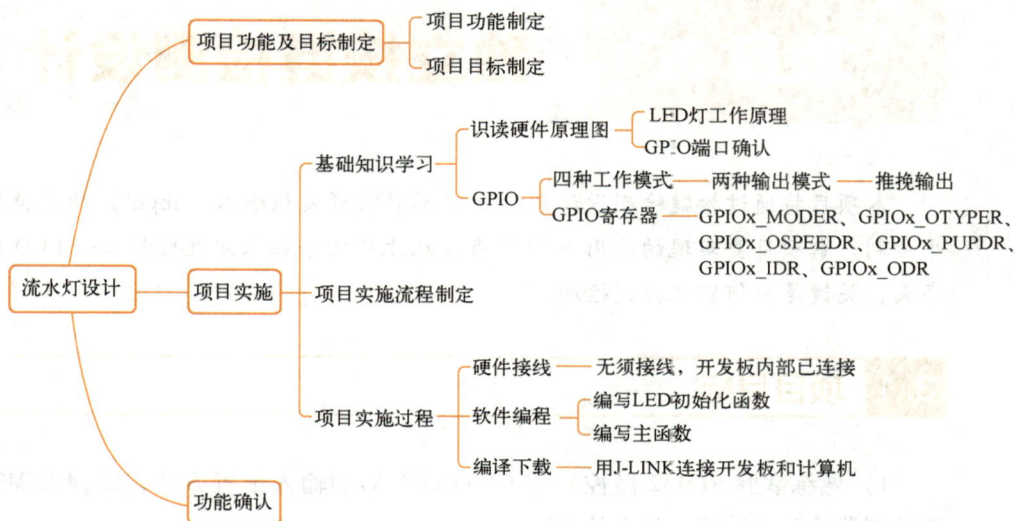

习题

1. 参考流水灯项目，编程实现其他样式的流水灯效果。

2. GPIO 端口可通过软件配置为哪四种输入模式？它们分别是怎么工作的？

3. GPIO 端口配置时创建的结构体是什么？该结构体中有几个成员？分别有什么作用？

项目 3 独立按键检测设计

本项目将通过按键检测设计来学习对 STM32 开发板输入（input）的高低电平控制。本项目要实现的是用 STM32 开发板上的四个独立按键控制四个 LED 的亮灭，关键是如何实现按键检测。

3.1 项目目标

1）熟练掌握 STM32 微控制器 GPIO 寄存器的输入配置方法，掌握 STM32 微控制器检测按键输入状态的方法。

2）能够编程实现 STM32 微控制器按键检测，通过按键控制 LED 灯。

3）通过不断练习，养成会合作、爱探索的好习惯。

了解 STM32 微控制器相关 GPIO 寄存器的配置方法，调用标准库函数实现 STM32 微控制器检测按键状态并通过四路按键控制四路 LED 灯。

3.2 项目基础知识

3.2 项目基础知识

3.2.1 开发板独立按键简介

按键开关多种多样，主要有轻触开关、拨动开关、拨码开关、微动开关、船形开关、收线开关、叶片开关、振动开关、自锁开关、限位开关、电源开关等。

开发板采用的是轻触开关（按键开关），使用时，向开关操作方向施加压力，使开关闭合接通，当撤销压力时开关即断开，其内部结构是靠金属弹片受力变化来实现通断的。

3.2.2 按键功能电路原理

按键功能电路原理图如图 3-1 所示。端口 PG13、PF13、PF14、PF15 分别与 KEY0、KEY1、KEY2、KEY3 连接，当按键未按下时，电路不导通，四路按键均未拉低，此时每个端口输入状态为 "1"；当某路按键按下时，此处电压被拉低处于 "0" 状态，端口输入状态为 "0"。

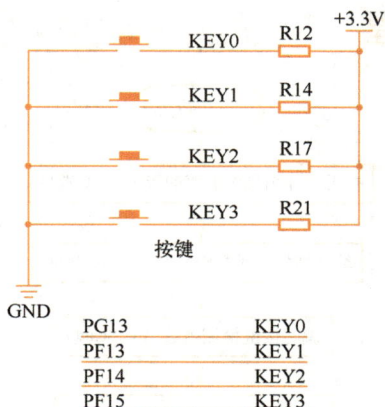

图 3-1　按键功能电路原理图

经分析，只需单片机检测与按键连接处的端口输入状态即可达到检测按键是否按下的目的。

3.2.3　按键防抖动方法

当每次按下按键开关时，由于手的抖动，开关会断开、闭合几次后才稳定，所以当按下按键时，给单片机输入的低电平不稳定，而是高低电平变化几次（持续 10~20 ms）后再保持为低电平，同样，在按键弹起时也是如此。因此，应该设法消除按键开关的抖动。

按键抖动的消除方法有硬件防抖和软件防抖两种。由于硬件防抖会使输入电路变得复杂且成本较高，本次实验采用的是通过软件编程的方法来实现防抖动。

软件防抖的思路：单片机输入口第一次检测到按键按下或断开时，马上执行延时程序（10~20 ms），延时期间不接收按键产生的输入信号，延时结束后按键的状态已稳定，此时再检测按键的状态，这样就可以避开按键短时抖动产生的输入信号误判。本实验采用的延时程序代码如下：

```
1.    Delay_ms(10);        //去抖动
```

3.3 项目实施

3.3.1 项目实施流程

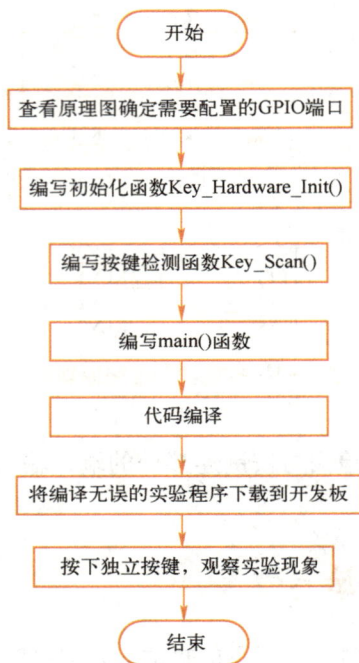

```
            开始
             ↓
查看原理图确定需要配置的GPIO端口
             ↓
编写初始化函数Key_Hardware_Init()
             ↓
 编写按键检测函数Key_Scan()
             ↓
       编写main()函数
             ↓
         代码编译
             ↓
将编译无误的实验程序下载到开发板
             ↓
 按下独立按键，观察实验现象
             ↓
            结束
```

3.3.2 识读原理图

查看原理图确定需要配置的 GPIO 端口，如表 3-1 所示。

表 3-1　开发板上的硬件连接

引　　　脚	硬　　件
GPIOG13	KEY0
GPIOF13	KEY1
GPIOF14	KEY2
GPIOF15	KEY3

该硬件线路在开发板内部已连接完毕，实验时无须额外接线。

3.3.3 程序编写

1. 按键初始化函数

根据原理图 3-1 配置按键连接处端口的初始状态。

```
1.      void Key_Hardware_Init(void)
2.      {
3.          GPIO_InitTypeDef  GPIO_InitStructure;
4.
5.          RCC_AHB1PeriphClockCmd(RCC_AHB1Periph_GPIOF|RCC_AHB1Periph_GPIOG,
ENABLE);                                               //使能 GPIO 时钟
6.
7.          GPIO_InitStructure.GPIO_Pin = GPIO_Pin_13|GPIO_Pin_14|GPIO_Pin_15;
                                          //KEY1 KEY2 KEY3 对应引脚
8.          GPIO_InitStructure.GPIO_Mode = GPIO_Mode_IN;    //普通输入模式
9.
10.         GPIO_InitStructure.GPIO_PuPd = GPIO_PuPd_UP;    //上拉
11.         GPIO_Init(GPIOF, &GPIO_InitStructure);          //初始化 GPIOF
12.
13.         GPIO_InitStructure.GPIO_Pin = GPIO_Pin_13;      //KEY0 对应引脚
14.         GPIO_InitStructure.GPIO_Mode = GPIO_Mode_IN;    //普通输入模式
15.
16.         GPIO_InitStructure.GPIO_PuPd = GPIO_PuPd_UP;    //上拉
17.         GPIO_Init(GPIOG, &GPIO_InitStructure);          //初始化 GPIOG
18.
19.     }
```

2. 输入函数

```
1.      uint8_t GPIO_ReadInputDataBit(GPIO_TypeDef * GPIOx, uint16_t GPIO_Pin)。
```

函数名"GPIO_ReadInputDataBit"意为读输入数据的位。

第一个输入的变量为 GPIO 组(例:GPIOG)。

第二个输入的变量为 GPIO 引脚(例:GPIO_Pin_0)。

这两个输入变量的使用方式与 GPIO_SetBits()和 GPIO_ResetBits()一致,用于选择控制 GPIO 组中的指定引脚。每次只能读取一个引脚的电平,读取到的若为低电平函数返回值为"0",若为高电平则函数返回值为"1"。

宏定义如下:

```
1.      #define KEY0()    GPIO_ReadInputDataBit(GPIOG,GPIO_Pin_13)
2.      #define KEY1()    GPIO_ReadInputDataBit(GPIOF,GPIO_Pin_13)
3.      #define KEY2()    GPIO_ReadInputDataBit(GPIOF,GPIO_Pin_14)
4.      #define KEY3()    GPIO_ReadInputDataBit(GPIOF,GPIO_Pin_15)
```

3. 按键检测函数

```
2.      uint8_t Key_Scan(uint8_t mode)
3.      {
```

笔 记

```
4.        static uint8_t key_up=1;           //按键按松开标志
5.        if(mode)key_up=1;                  //支持连按
6.        if(key_up&&(KEY0()==0||KEY1()==0||KEY2()==0||KEY3()==0))
7.        {
8.              Delay_ms(10);                //去抖动
9.              key_up=0;
10.             if(KEY0()==0)return 1;
11.             else if(KEY1()==0)return 2;
12.             else if(KEY2()==0)return 3;
13.             else if(KEY3()==0)return 4;
14.        }
15.        else if(KEY0()==1&&KEY1()==1&&KEY2()==1&&KEY3()==1)key_up=1;
16.        return 0;                          //无按键按下
17.   }
```

通过判断函数返回值检测四路按键状态，按下按键 K1 函数返回数值 1，按下按键 K2 返回数值 2，按下按键 K3 返回数值 3，按下按键 K4 返回数值 4。

4. 主函数

```
1.    int main(void)
2.    {
3.        Key_Hardware_Init();
4.        LED_Hardware_Init();
5.        Delay_Init();
6.
7.        while(1)
8.        {
9.             keyvalue = Key_Scan(0);
10.
11.            if(keyvalue == 1)
12.                LED0_TOGGLE();
13.            else if(keyvalue == 2)
14.                LED1_TOGGLE();
15.            else if(keyvalue == 3)
16.                LED2_TOGGLE();
17.            else if(keyvalue == 4)
18.                LED3_TOGGLE();
19.        }
20.    }
```

通过检测按键状态读取返回值，实现 LED 灯的亮灭状态转换。

3.3.4 功能测试

程序编译成功后（0 Error，0 Warning），使用 J-LINK 连接开发板和计算机，下载程序并复位查看，通过依次按下开发板上四路独立按键 K1、K2、K3 和 K4 来分别控制四路 LED 灯 LED0、LED1、LED2 和 LED3 状态转换，查看灯的变化是否和预期一致。

3.3.4 功能
测试

1）按下按键 K1，D6 处 LED 亮灭状态转换，开发板如图 3-2 所示。

2）按下按键 K2，D7 处 LED 亮灭状态转换。

3）按下按键 K3，D8 处 LED 亮灭状态转换。

4）按下按键 K4，D9 处 LED 亮灭状态转换，依次循环。

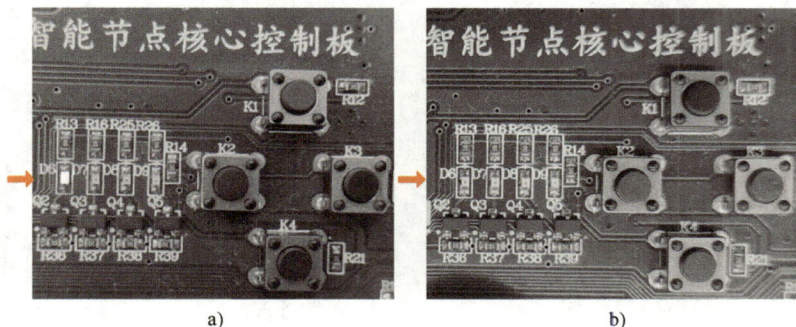

图 3-2 程序运行结果（以按下按键 K1 为列）

a）按下 K1，D6 处 LED 亮 b）再次按下 K1，D6 处 LED 灭

3.4 项目总结

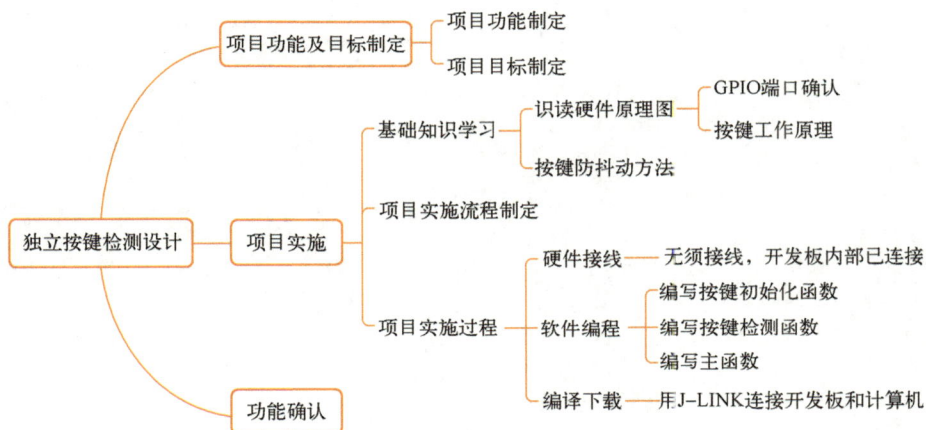

笔记

习题

1. 依照按键检测项目实现原理，在开发板上设计四路抢答器。

2. 请描述按键防抖动方法。

3. 按键被按下时，端口是高电平还是低电平？请描述该项目中的按键功能电路原理。

项目 4　蜂鸣器设计

本项目旨在进一步加深对 STM32 开发板输出（output）电平控制的理解，通过蜂鸣器的设计巩固 STM32 开发板输入引脚的编程技巧，并结合前面学习的 LED、按键与本章的蜂鸣器内容，完成一个综合案例，以实现对前面学习内容的融会贯通。

4.1　项目目标

1）了解蜂鸣器电路的工作原理；将前面所学知识融会贯通。

2）能够编程实现对开发板上蜂鸣器的控制。

3）具备将所学知识融会贯通的学习方法和思路。

了解 STM32 微控制器相关 GPIO 寄存器的配置方法，调用相关库函数来控制 STM32 微控制器，实现蜂鸣器开启和关闭。并结合前面学习的 LED 内容，当按下开发板的按键 K1，D6 处 LED0 状态转换，蜂鸣器开启并保持"滴"声 500 ms 后，自动关闭。

4.2　项目基础知识

4.2.1　蜂鸣器简介

蜂鸣器是一种一体化结构的电子讯响器，采用直流电压供电，作为发声器件广泛应用于计算机、打印机、复印机、报警器、电子玩具、汽车电子设备、电话机、定时器等电子产品中。

蜂鸣器可分为无源他励型和有源自励型。此处的"源"不是指电源，而是指振荡源。也就是说，有源自励型蜂鸣器内部带振荡源，只要通电就能振动发出鸣叫；而无源他励型蜂鸣器内部没有振荡源，用直流信号是无法令其振动的，只有用方波驱动才可以。

有源自励型蜂鸣器的工作发声原理是：直流电源输入先经过振荡电路，然后进行放大、取样反馈，再经过振动系统，产生声音输出，如图 4-1

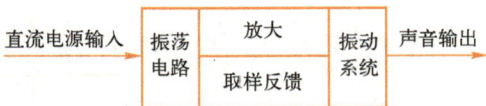

4.2　项目基础知识

图 4-1　有源自励型蜂鸣器的工作发声原理

所示。

4.2.2 蜂鸣器功能电路原理

蜂鸣器功能电路原理图如图 4-2 所示。由图可知，当 PA15 端口输出高电平时，蜂鸣器开启；当 PA15 端口输出低电平时，蜂鸣器关闭。

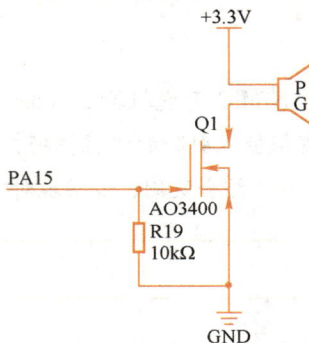

图 4-2 蜂鸣器功能电路原理图

通过开发板控制 PA15 端口的输出可实现控制蜂鸣器的开和关。

4.3 项目实施

4.3.1 项目实施流程

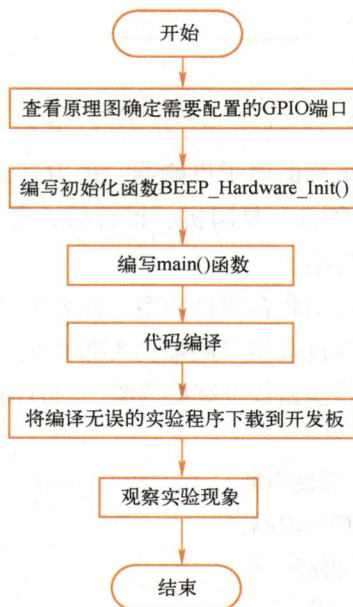

4.3.2　识读原理图

查看原理图确定需要配置的 GPIO 端口，如表 4-1 所示。

表 4-1　开发板上的硬件连接

引　脚	硬　件
PA15	BEEP

该硬件线路在开发板内部已连接完毕，实验时无须额外接线。

4.3.3　程序编写

利用开发板 PA15 端口输出高低电平，从而控制蜂鸣器。

1. 蜂鸣器初始化函数

配置端口 PA15 的初始状态，代码如下：

```
1.     void BEEP_Hardware_Init(void)
2.     {
3.         GPIO_InitTypeDef   GPIO_InitStructure;
4.
5.         RCC_AHB1PeriphClockCmd(RCC_AHB1Periph_GPIOA, ENABLE);
                                                          //使能 GPIOA 时钟
6.
7.         //初始化蜂鸣器对应引脚 GPIOA15
8.         GPIO_InitStructure.GPIO_Pin = GPIO_Pin_15;
9.         GPIO_InitStructure.GPIO_Mode = GPIO_Mode_OUT;      //普通输出模式
10.        GPIO_InitStructure.GPIO_OType = GPIO_OType_PP;     //推挽输出
11.        GPIO_InitStructure.GPIO_Speed = GPIO_Speed_100MHz; //100 MHz
12.        GPIO_InitStructure.GPIO_PuPd = GPIO_PuPd_DOWN;     //下拉
13.        GPIO_Init(GPIOA, &GPIO_InitStructure);             //初始化 GPIOA
14.
15.        //蜂鸣器对应引脚 GPIOA15 拉低
16.        GPIO_ResetBits(GPIOA,GPIO_Pin_15);
17.    }
```

2. 主函数

主函数代码如下：

```
1.     int main(void)
2.     {
3.         Key_Hardware_Init();
```

```
4.          LED_Hardware_Init( );
5.          Delay_Init( );
6.          BEEP_Hardware_Init( );
7.
8.          while( 1 )
9.          {
10.             keyvalue = Key_Scan( 0 );
11.
12.             if( keyvalue = = 1 )
13.             {
14.                 LED0_TOGGLE( );
15.                 BEEP( 1 );
16.                 Delay_ms( 500 );
17.                 BEEP( 0 );
18.             }
19.         }
20.     }
```

4.3.4　功能测试

4.3.4　功能
测试

　　代码编译成功后（0 Error，0 Warning），使用 J-LINK 连接开发板和计算机，下载程序并复位查看，当按下按键时，硬件的状态和预期一致，则说明项目成功（如图 4-3 所示）：当按下开发板的按键 K1，D6 处 LED 红色灯状态转换，蜂鸣器开启并保持"滴"声 500 ms 后，自动关闭。

图 4-3　程序运行结果

调试过程中，如果按下按键灯的亮灭不正常，则需要查看 LED 初始化函数；如果蜂鸣器未开启或未正常关闭，则需要查看蜂鸣器初始化函数，及主函数中蜂鸣器相关的打开和关闭代码是否正确。

4.4　项目总结

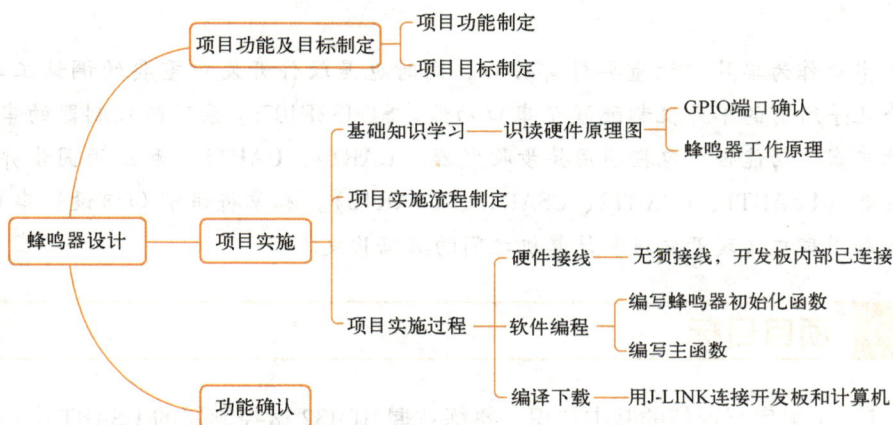

习题

1. 用开发板上的四个按键来控制开发板上的四个 LED 灯和蜂鸣器，编写程序实现如下功能。

1）按下按键 S1，核心板上显示流水灯（D1～D4）。

2）按下按键 S2，核心板上蜂鸣器鸣叫 300 ms。

3）按下按键 S3，核心板上 LED 灯全亮。

4）按下按键 S4，核心板上 LED 灯全灭。

2. 请描述蜂鸣器功能电路原理。

3. 蜂鸣器分为有源自励型蜂鸣器和无源他励型蜂鸣器两种，请描述其区别。

项目 5　　串口通信设计

　　串口作为单片机的重要外部接口，同时也是软件开发中重要的调试工具，现今几乎所有的单片机都配置了串口功能。STM32F407xx 系列微控制器的串口资源丰富、功能强，包括通用异步收发器（UART4、UART5）和通用同步异步收发器（USART1、USART2、USART3、USART6）。本章将讲解如何设置串口，以及利用串口实现开发板和计算机之间的数据收发。

5.1　项目目标

　　1）了解串行通信的基本知识；熟练掌握 STM32 微控制器的 USART 串口配置方法。

　　2）能够编程实现开发板和计算机之间的数据收发。

　　3）具备解决问题的能力，在实际开发中遇到问题时，能够分析出问题原因并找到解决方案。

　　了解 STM32 微控制器相关 GPIO 寄存器的配置方法，并通过调用相关库函数，实现 STM32 微控制器串口自发自收功能。

5.2　项目基础知识

5.2.1　串行通信的基本概念

5.2　项目基础知识

　　如图 5-1 所示，串行通信是指使用一条数据线，将数据一位一位地依次传输，每一位数据占据一个固定的时间长度。其只需要少数几条线就可以在系统间交换信息，特别适用于计算机与计算机、计算机与外设之间的远距离通信。串口通信时，发送和接收到的每个字符实际上都是通过逐位传输完成的，每位代表二进制的 1 或 0。

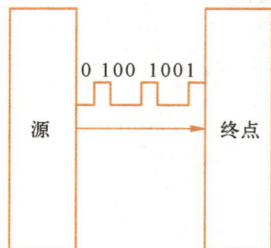

图 5-1　串行通信

1. 同步通信和异步通信

按照通信方式不同，串行通信分为同步通信和异步通信。

（1）同步通信

同步通信是一种连续串行传输数据的通信方式，一次通信只传输一帧信息。这里的信息帧与异步通信中的字符帧不同，通常含有若干个数据字符。

它们均由同步字符、数据字符和校验字符（CRC）组成。其中同步字符位于帧开头，用于确认数据字符的开始。数据字符在同步字符之后，个数没有限制，由所需传输的数据块长度来决定；校验字符有 1~2 个，用于接收端对接收到的字符序列进行正确性校验。同步通信的缺点是要求发送时钟和接收时钟保持严格的同步。

（2）异步通信

在异步通信中有两个比较重要的指标：字符帧格式和波特率。数据通常以字符或者字节为单位组成字符帧传送。字符帧由发送端逐帧发送，通过传输线被接收端逐帧接收。发送端和接收端可以由各自的时钟来控制数据的发送和接收，这两个时钟源彼此独立，互不同步。接收端检测到传输线上发送过来的低电平逻辑"0"（即字符帧起始位）时，确定发送端已开始发送数据，当接收端收到字符帧中的停止位时，就知道一帧字符已经发送完毕。

串行异步通信时的数据格式如图 5-2 所示。

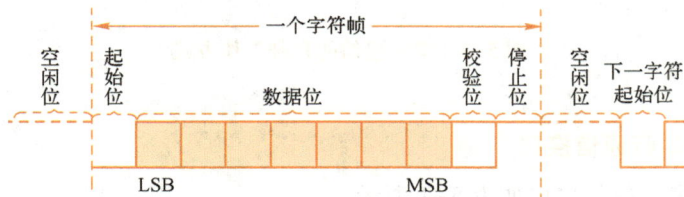

图 5-2　串行异步通信数据格式

1）起始位：起始位必须是持续一个比特时间的逻辑"0"电平，标志传输一个字符的开始。

2）数据位：数据位为 5~8 位，它紧跟在起始位之后，是被传输字符的有效数据位。传输时先传输字符的低位，后传输字符的高位。数据位究竟是几位，可由硬件或软件来设定。

3）校验位：奇偶校验位仅占一位，用于进行奇校验或偶校验，也可以不设奇偶位。

4）停止位：停止位为 1 位、1.5 位或 2 位，可由软件设定。它一定是逻辑"1"电平，标志着传输一个字符的结束。

5）空闲位：空闲位表示线路处于空闲状态，此时线路上为逻辑"1"电平。空闲位可以没有，此时异步传输的效率为最高。

2. 单工、半双工和全双工

按照数据传输方向，串行通信分为单工、半双工和全双工。

单工如图 5-3a 所示，数据传输只支持数据在一个方向上传输。

半双工如图 5-3b 所示，允许数据在两个方向上传输。但是，在某一时刻，只允许数据在一个方向上传输，它实际上是一种切换方向的单工通信；它不需要独立的接收端和发送端，两者可以合并，一起使用一个端口。

全双工如图 5-3c 所示，允许数据同时在两个方向上传输。因此，全双工通信是两个单工通信方式的结合，需要独立的接收端和发送端。

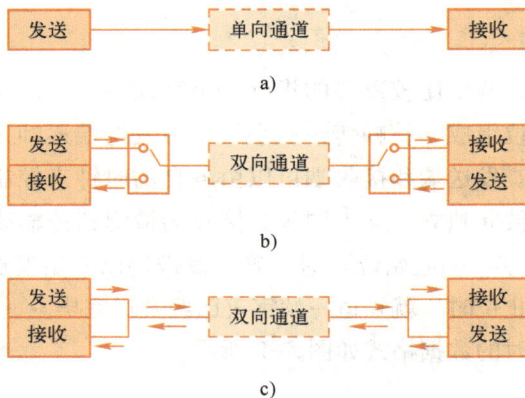

图 5-3 串行通信的几种工作方式

3. 几种串行通信接口

常见的串行通信接口如表 5-1 所示。

表 5-1 常见的串行通信接口

通 信 标 准	引 脚 说 明	通 信 方 式	传 输 方 向
UART （通用异步收发器）	TXD：发送端 RXT：接收端 GND：共地	异步通信	全双工
1-wire（单总线）	DQ：发送/接收端	异步通信	半双工
SPI	SCK：同步时钟 MISO：主机输入，从机输出 MOSI：主机输出，从机输入	同步通信	全双工
I^2C	SCK：同步时钟 SDA：数据输入/输出端	同步通信	半双工

5.2.2　STM32 微控制器串口简介

STM32F407xx 系列微控制器部分外设分布如图 5-4 所示。

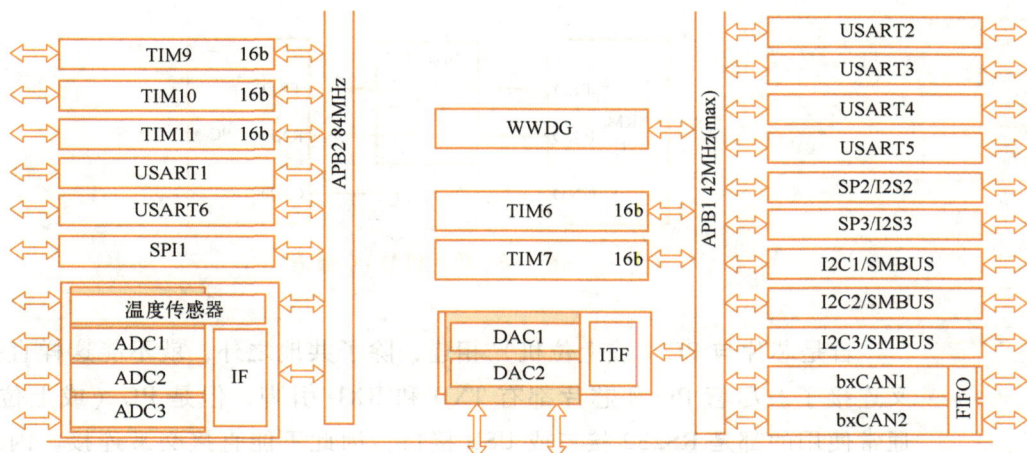

图 5-4　STM32F407xx 系列微控制器部分外设分布

由图 5-4 可知，STM32F407xx 系列微控制器串口分为通用异步收发器（UART4、UART5）和通用同步异步收发器（USART1、USART2、USART3、USART6）。

1. 通用异步收发器（UART）

通用异步收发器是一种通用串行数据总线，用于异步通信。该总线为双向通信，可以实现全双工传输和接收。在嵌入式设计中，UART 用来与 PC 进行通信，包括与监控调试器和其他器件，如 E^2PROM 通信。

（1）UART 的连接

UART 引脚连接方法如图 5-5 所示。

- RXD：数据输入引脚，用于接收数据。
- TXD：数据发送引脚，用于发送数据。

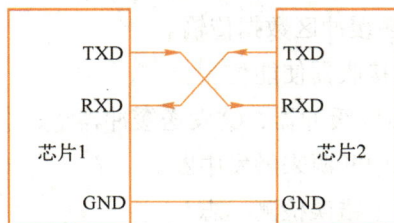

图 5-5　UART 引脚的连接方法

对于两个芯片之间的连接，两个芯片 GND 共地，同时 TXD 和 RXD 交叉连接。这里的交叉连接的意思就是，芯片 1 的 RXD 连接芯片 2 的 TXD，芯片 2 的 RXD 连接芯片 1 的 TXD。这样，两个芯片之间就可以进行 TTL 电平通信了，如图 5-6 所示。

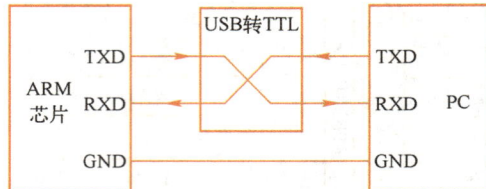

图 5-6　单片机与 PC 通信

若是芯片与 PC（或上位机）相连，除了共地之外，就不能这样直接交叉连接了。尽管 PC 和芯片都有 TXD 和 RXD 引脚，但是 PC（或上位机）通常使用的都是 RS232 接口或 USB 接口，因此不能直接交叉连接。因为单片机需要的是 TTL 电平，而 PC 端输出的是 RS232 的电平或者是 USB 的协议数据。

TTL 电平是处理器控制的设备内部各部分之间通信的标准技术，如 STM32F4x 系列的单片机以 3.3 V 作为逻辑"1"，0 V 等价于逻辑"0"。

所以要想实现单片机与计算机之间的串口通信，则芯片的输出端要符合 TTL 的电平，那么在核心板上使用的是 USB-UART 转换器（CP2102）（注：USB 转 TTL）。

（2）UART 的特点

1）全双工异步通信。

2）分数波特率发生器系统，提供精确的波特率。发送和接收共用的可编程波特率，最高可达 4.5 Mbits/s。

3）可编程的数据字长度（8 位或者 9 位）。

4）可配置的停止位（支持 1 或者 2 位停止位）。

5）可配置的 DMA 多缓冲区数据传输。

6）单独的发送器和接收器使能位。

7）检测标志：① 接收缓冲器；②发送缓冲器空；③传输结束标志。

8）由多个带标志的中断源来触发中断。

9）校验控制，有四个错误检测标志。

（3）UART 的串行通信过程

UART 的串行通信过程如图 5-7 所示。MCU 与外部设备之间通过串行通信进行数据的接收和发送。

在数据接收过程（见图 5-7a）中，外部设备发送的串行数据首先进入 RXD（接收数据）引脚，然后通过串行输入移位寄存器进行数据同步和移位操作，最终存入输入数据缓冲器，供 MCU 内核处理。

在数据发送过程（见图 5-7b）中，MCU 将数据送入输出数据缓冲器，再通过串行输出移位寄存器进行移位操作，最后通过 TXD（发送数据）引脚发送到外部设备。整个过程确保了数据在 MCU 与外部设备之间的准确传输。

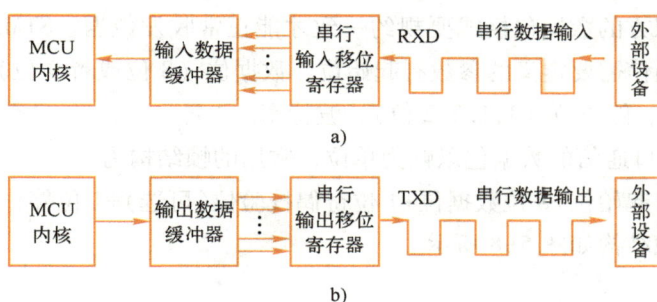

图 5-7　UART 的串行通信过程

a）数据接收过程　b）数据发送过程

2. 通用同步/异步收发器（USART）

USART 是一个全双工通用同步/异步串行收发模块，该接口是一个高度灵活的串行通信设备。

USART 收发模块一般分为三大部分：时钟发生器、数据发送器和接收器。控制寄存器为所有的模块共享。

时钟发生器由同步逻辑电路（在同步从模式下由外部时钟输入驱动）和波特率发生器组成。发送时钟引脚 XCK 仅用于同步发送模式下。

数据发送器由一个单独的写入缓冲器（发送 UDR）、一个串行移位寄存器、校验位发生器和用于处理不同帧结构的控制逻辑电路构成。使用写入缓冲器，可实现连续发送多帧数据无延时的通信。

接收器是 USART 模块最复杂的部分，最主要的是时钟和数据接收单元。数据接收单元用作异步数据的接收。除了接收单元，接收器还包括校验位校验器、控制逻辑、移位寄存器和两级接收缓冲器（接收 UDR）。接收器支持与发送器相同的帧结构，同时支持帧错误、数据溢出和校验错误的检测。

3. UART 和 USART 区别

从字面上理解，USART 在 UART 基础上增加了同步功能，即 USART 是 UART 的增强型，当 USART 在异步通信的时候，它与 UART 没有任何区别；用在同步通信时区别比较明显，同步通信需要时钟来触发数据传输，即 USART 相对 UART 的区别之一就是能提供主动时钟。如 STM32 微控制器的 USART 可以提供时钟支持 ISO7816 的智能卡接口。

4. STM32 微控制器中 UART 参数

串口通信的数据包由发送设备通过自身的 TXD 接口传输到接收设备的 RXD 接口，通信双方的数据包格式要规约一致才能正常收发数据。STM32 微控制器中串口异步通信需要定义的参数有起始位、数据位（8 位或者 9 位）、奇偶校验位（第 9 位）、停止位（1,1.5,2 位）、波特率。

UART 串口通信的数据包以帧为单位，常用的帧结构为

1 位起始位+8 位数据位+1 位奇偶校验位(可选)+1 位停止位

常用的帧结构如图 5-8 所示。

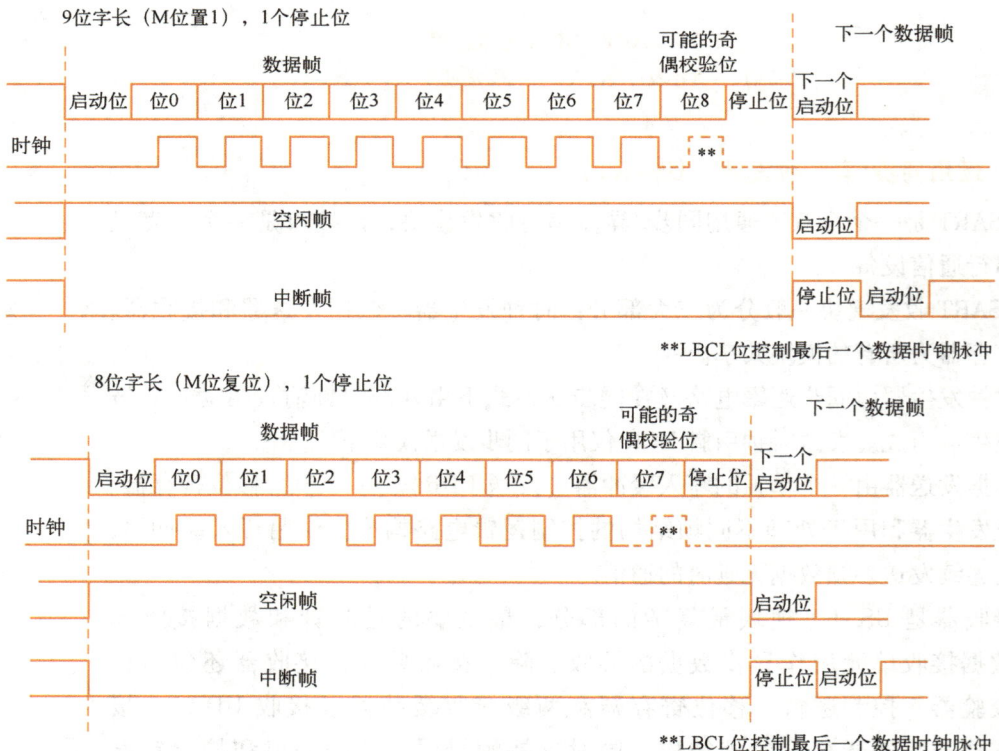

图 5-8　常用的帧结构

5. STM32 微控制器波特率计算

由于库函数的关系，波特率计算过程已被封装为方便调用的函数。

6. STM32 微控制器嵌套向量中断控制器（NVIC）

STM32 微控制器的串口传输与中断机制紧密相关。当串口接收到数据时，硬件会自动触发接收中断，通知 CPU 处理新数据。同样，在发送数据时，当发送缓冲区为空时，可触发发送中断，允许 CPU 继续发送更多数据。这种中断驱动方式提高了数据传输的效率和实时性，减少了 CPU 的轮询等待时间，使系统能更有效地处理其他任务。关于中断的内容详见 6.2.1 节。

笔　记

5.3　项目实施

5.3.1　项目实施流程

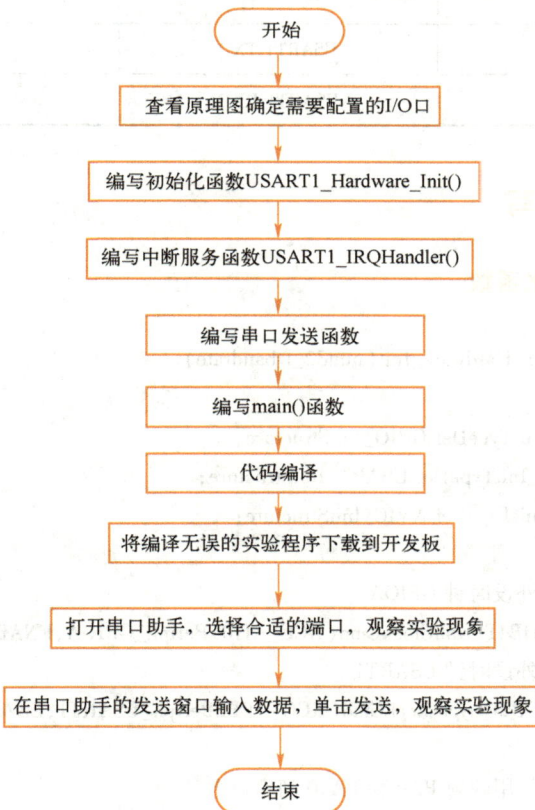

```
                    ┌──────────┐
                    │   开始    │
                    └──────────┘
                         │
          ┌─────────────────────────────────┐
          │   查看原理图确定需要配置的I/O口    │
          └─────────────────────────────────┘
                         │
          ┌─────────────────────────────────┐
          │ 编写初始化函数USART1_Hardware_Init() │
          └─────────────────────────────────┘
                         │
          ┌─────────────────────────────────┐
          │ 编写中断服务函数USART1_IRQHandler() │
          └─────────────────────────────────┘
                         │
          ┌─────────────────────────────────┐
          │        编写串口发送函数          │
          └─────────────────────────────────┘
                         │
          ┌─────────────────────────────────┐
          │        编写main()函数            │
          └─────────────────────────────────┘
                         │
          ┌─────────────────────────────────┐
          │           代码编译               │
          └─────────────────────────────────┘
                         │
          ┌─────────────────────────────────┐
          │  将编译无误的实验程序下载到开发板  │
          └─────────────────────────────────┘
                         │
          ┌──────────────────────────────────────┐
          │  打开串口助手，选择合适的端口，观察实验现象  │
          └──────────────────────────────────────┘
                         │
          ┌────────────────────────────────────────────┐
          │ 在串口助手的发送窗口输入数据，单击发送，观察实验现象 │
          └────────────────────────────────────────────┘
                         │
                    ┌──────────┐
                    │   结束    │
                    └──────────┘
```

笔记 ## 5.3.2 识读原理图

查看原理图确定需要配置的 I/O 口（PA9、PA10），如图 5-9 所示。

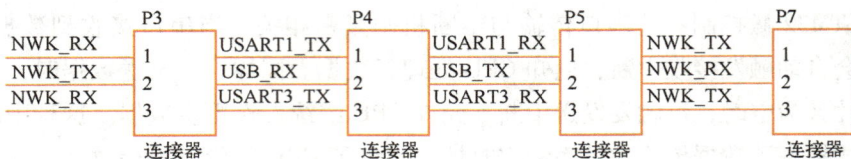

图 5-9 串口选择

在进行此实验之前需要按照表 5-2 所示，使用跳线帽连接 USART1 TXD 与 USB RX、USART1 RXD 与 USB TX。

表 5-2 开发板上的硬件连接

引 脚	硬 件	硬 件
PA9	USART1 TXD	USB RX
PA10	USART1 RXD	USB TX

5.3.3 程序编写

1. 串口初始化函数

```
1.    void USART1_Hardware_Init(uint32_t baudrate)
2.    {
3.        GPIO_InitTypeDef GPIO_InitStructure;
4.        USART_InitTypeDef USART_InitStructure;
5.        NVIC_InitTypeDef NVIC_InitStructure;
6.
7.        //开启外设时钟 GPIOA
8.        RCC_AHB1PeriphClockCmd(RCC_AHB1Periph_GPIOA,ENABLE);
9.        //开启外设时钟 USART1
10.       RCC_APB2PeriphClockCmd(RCC_APB2Periph_USART1,ENABLE);
11.
12.       //引脚复用映射 PA9 和 PA10 到串口上
13.       GPIO_PinAFConfig(GPIOA,GPIO_PinSource9,GPIO_AF_USART1);
14.       GPIO_PinAFConfig(GPIOA,GPIO_PinSource10,GPIO_AF_USART1);
15.
```

16.	//GPIOA9 – Tx 初始化
17.	//选择端口
18.	GPIO_InitStructure. GPIO_Pin = GPIO_Pin_9;
19.	//复用模式
20.	GPIO_InitStructure. GPIO_Mode = GPIO_Mode_AF;
21.	//推挽输出
22.	GPIO_InitStructure. GPIO_OType = GPIO_OType_PP;
23.	//输出速度
24.	GPIO_InitStructure. GPIO_Speed = GPIO_Speed_100MHz;
25.	//初始化配置
26.	GPIO_Init(GPIOA,&GPIO_InitStructure);
27.	
28.	//GPIOA10 – Rx 初始化
29.	//选择端口
30.	GPIO_InitStructure. GPIO_Pin = GPIO_Pin_10;
31.	//复用模式
32.	GPIO_InitStructure. GPIO_Mode = GPIO_Mode_AF;
33.	//无上拉下拉
34.	GPIO_InitStructure. GPIO_PuPd = GPIO_PuPd_NOPULL;
35.	//初始化配置
36.	GPIO_Init(GPIOA,&GPIO_InitStructure);
37.	
38.	//串口 1 参数设置
39.	//设置波特率
40.	USART_InitStructure. USART_BaudRate = baudrate;
41.	//设置串口模式
42.	USART_InitStructure. USART_Mode = USART_Mode_Rx	USART_Mode_Tx;
43.	//设置无硬件流控制
44.	USART_InitStructure. USART_HardwareFlowControl =USART_HardwareFlowControl_None;
45.	//8 bit 数据位
46.	USART_InitStructure. USART_WordLength = USART_WordLength_8b;
47.	//无校验位
48.	USART_InitStructure. USART_Parity = USART_Parity_No;
49.	//1 停止位
50.	USART_InitStructure. USART_StopBits = USART_StopBits_1;
51.	//初始化配置串口 1
52.	USART_Init(USART1,&USART_InitStructure);
53.	
54.	//串口 1 中断响应优先级设置

笔 记

```
55.          //选择中断通道
56.          NVIC_InitStructure. NVIC_IRQChannel = USART1_IRQn;
57.          //设置先占优先级
58.          NVIC_InitStructure. NVIC_IRQChannelPreemptionPriority = 0;
59.          //设置从优先级
60.          NVIC_InitStructure. NVIC_IRQChannelSubPriority = 8;
61.          //设置中断通道开启
62.          NVIC_InitStructure. NVIC_IRQChannelCmd = ENABLE;
63.          //初始化配置中断优先级
64.          NVIC_Init( &NVIC_InitStructure) ;
65.
66.          //开启串口 1，接收中断使能
67.          USART_ITConfig( USART1,USART_IT_RXNE,ENABLE) ;
68.
69.          //开启串口 1
70.          USART_Cmd( USART1,ENABLE) ;
71.     }
```

2. 中断服务函数

```
1.      void USART1_IRQHandler( void)
2.      {
3.          //判断串口接收中断标志位
4.          if( USART_GetITStatus( USART1,USART_IT_RXNE) = = SET)
5.          {
6.
7.              //读取串口数据
8.              usart1_buffer[ usart1_length] = USART_ReceiveData( USART1) ;
9.              //指针自增
10.             usart1_length++;
11.             //如果储存超出长度
12.             if( usart1_length = = USART1_RX_SIZE)
13.             {
14.                 //重新从数组 0 开始储存字节
15.                 usart1_length = 0 ;
16.             }
17.         }
18.         //清除串口中断接收标志位
19.         USART_ClearITPendingBit( USART1,USART_IT_RXNE) ;
20.     }
```

3. 串口发送函数

（1）通过串口 1 发送 1 字节

```
1.      void USART1_Send_Byte(uint8_t src)
2.      {
3.          //发送数据
4.          USART_SendData(USART1,src);
5.          //等待串口发送完成
6.          while(USART_GetFlagStatus(USART1,USART_FLAG_TXE) = = RESET);
7.      }
```

（2）通过串口 1 发送一个定长的字符串

```
1.      void USART1_Send_Length_String(uint8_t * src,uint16_t length)
2.      {
3.          uint16_t Tx_cut = 0;
4.          uint16_t Tx_length = 0;
5.          Tx_length = length;
6.          //循环发送指定长度的数据
7.          while(Tx_cut != Tx_length)
8.          {
9.              //发送 1 字节信息
10.             USART1_Send_Byte( * (src+Tx_cut));
11.             //指针自增
12.             Tx_cut++;
13.         }
14.     }
```

（3）通过串口 1 发送字符串

```
1.      void USART1_Send_String(char * src)
2.      {
3.          uint16_t Tx_cut = 0;
4.          //检测到下一个发送字节为 0x00 即''时,停止发送
5.          while( * (src+Tx_cut) != '\0')
6.          {
7.              //发送 1 字节信息
8.              USART1_Send_Byte( * (src+Tx_cut));
9.              //指针自增
10.             Tx_cut++;
11.         }
12.     
13.     }
```

（4）清除储存在数组中的数据

```
1.    void USART1_Clear_Buffer(void)
2.    {
3.        while(usart1_length)              //清空接收到的数据
4.        {
5.            //指针自减
6.            usart1_length--;
7.            //数据清零
8.            usart1_buffer[usart1_length] = 0;
9.        }
10.   }
```

4. 主函数

实现串口测试功能。

```
1.    int main(void)
2.    {
3.        NVIC_PriorityGroupConfig(NVIC_PriorityGroup_0)
4.        Delay_Init();                                      //延时初始化
5.        LED_Hardware_Init();                               //LED 初始化
6.        USART1_Hardware_Init(115200);                      //串口 1 初始化
7.
8.        while(1)
9.        {
10.           USART1_Send_String("\nHello human.");          //循环串口打印
11.           if(usart1_length!=0)                           //判断是否接收到数据
12.           {
13.               USART1_Send_String("\tYou said:");         //打印开头字符串
14.               USART1_Send_Length_String(usart1_buffer,usart1_length);
15.               USART1_Clear_Buffer();                     //将接收到的数据发送并清空
16.           }
17.           Delay_ms(500);                                 //延时
18.       }
19.   }
```

5.3.4 功能测试

代码编译成功后（0 Error，0 Warning），使用 J-LINK 连接开发板和计算机后，再用串口数据线连接开发板和计算机，如图 5-10 所示。

下载程序并复位查看，如图 5-11 所示。当数据的发送和接收与预期一致，则说明项目成功：计算机打开串口助手软件后，开发板自动循环发送"Hello

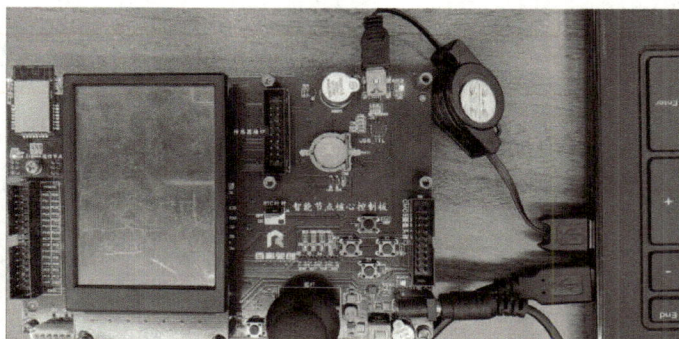

图 5-10　串口数据线连接

human.”到串口助手软件的接收框；当通过串口助手软件发送框发送数据时，数据会先被发送到开发板，开发板接收到数据后再返回串口助手，在串口助手软件的接收框显示出来。

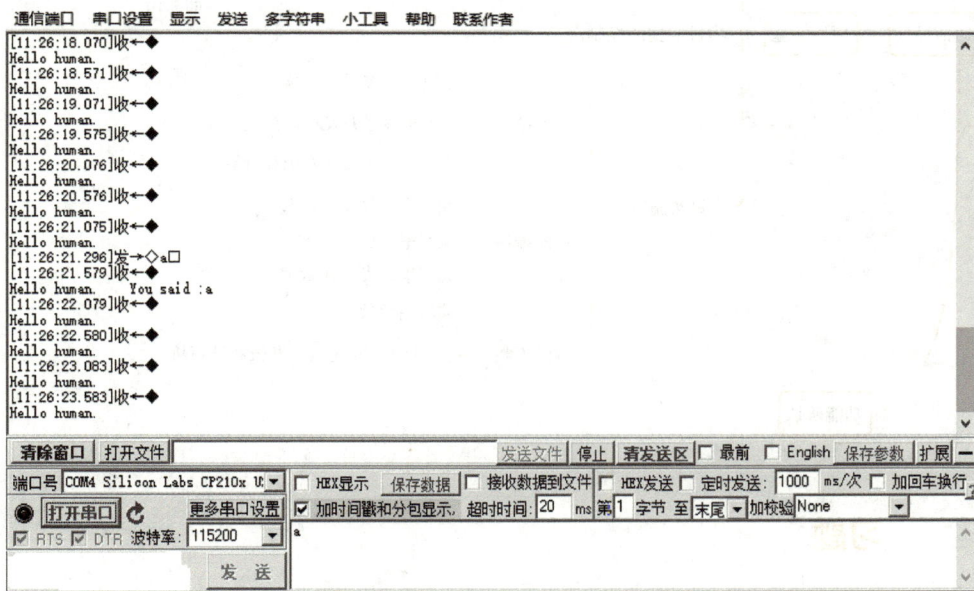

图 5-11　程序运行结果

串口助手软件可根据需要自行选择，使用时常见问题如下。

● 如果接收不到任何数据，可能是端口选择错误，请选择正确端口。

● 如果数据显示乱码，可能是波特率设置的不正确，可在串口助手软件上将波特率设置与代码保持一致，本项目设置为 115200。

5.4 项目总结

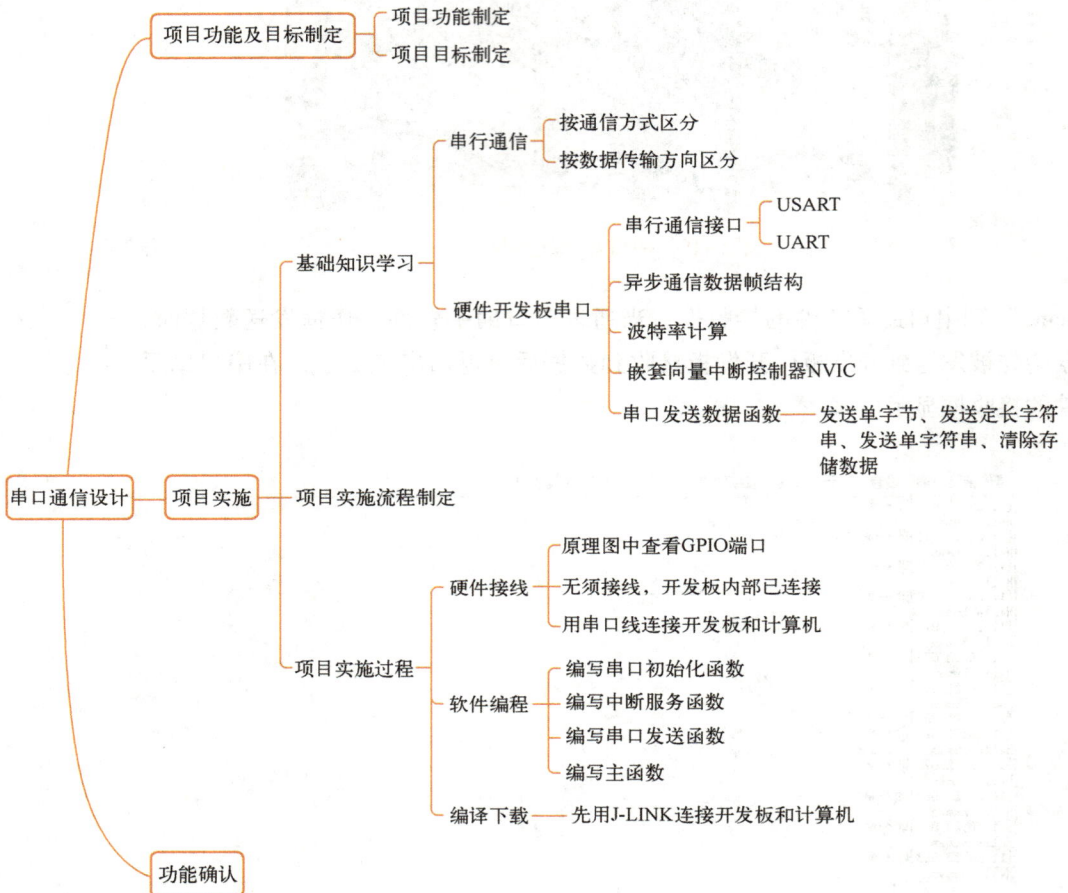

习题

1. 依据串口通信实验，通过串口调试助手发送数据 A，在串口调试助手收到数据 a。

2. 什么是串行通信？按照通信方式不同，串行通信如何分类？

3. 串口初始化函数是什么？其中定义了几个结构体变量？各自的作用是什么？

项目6　外部中断设计

在生活中，经常会遇到这样的情况：当我们在厨房做饭时，客厅的电话铃声突然响了，这时我们会暂停做饭，转而去接电话，接完电话后又回到厨房接着做饭。这种暂停当前工作，转而去做其他工作，做完后又返回来做先前工作的现象，称为中断。

单片机也有类似的中断现象，当单片机正在执行某程序时，如果突然出现意外情况，它就需要停止当前正在执行的程序，转而去执行处理意外情况的程序（又称中断服务程序、中断子程序），处理完后又接着执行原来的程序。STM32 Cortex-M4 内核支持 256 个中断，通过嵌套向量中断控制器（Nested Vectored Interrupt Controller，NVIC）和外部中断/事件控制器（External Interrupt/Event Controller，EXTI）完成中断相关功能。

6.1　项目目标

1）理解 NVIC 中断分组的概念、NVIC 中断优先级的配置方法和外部中断的配置方法。

2）能够编程实现通过外部中断让按键控制 LED 灯。

3）具备编程实践能力，养成刻苦学习、扎实练习的好品质。

了解 STM32 微控制器相关 GPIO 寄存器的配置方法，调用相关库函数配置 STM32 微控制器外部中断、NVIC 中断，实现按键触发外部中断，从而控制 LED 灯。

6.2　项目基础知识

6.2.1　中断及中断优先级

中断是单片机处理外部突发事件的一个重要技术。它能使单片机在运行过程中对外部事件发出的中断请求及时地进行处理，处理完成后又立即返回断点，继续进行单片机原来的工作。中断执行流程如图 6-1 所示。

CM4 内核支持 256 个中断，其中包含了 16 个内核中断和 240 个外部中断，

6.2　项目基础知识

笔记

并且具有 256 级的可编程中断设置。但 STM32F4 并没有使用 CM4 内核的全部东西，而是只用了它的一部分。STM32F40xx/STM32F41xx 的 92 个中断里面，包括 10 个内核中断和 82 个可屏蔽中断，具有 16 级可编程的中断优先级。

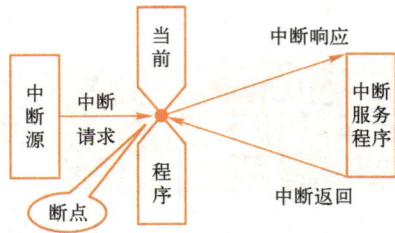

图 6-1　中断执行流程

抢占优先级的概念等同于 51 单片机中的中断。假设有两中断先后触发，已经在执行的中断如果没有后触发的中断抢占优先级高，就会先处理抢占优先级高的中断。也就是说有抢占优先级较高的中断可以打断抢占优先级较低的中断。这是实现中断嵌套的基础。

响应优先级只在同一抢占优先级的中断同时触发时起作用，抢占优先级相同，则优先执行次占优先级较高的中断。次占优先级不会造成中断嵌套。如果中断的两个优先级都一致，则优先执行位于中断向量表中位置较高的中断。

抢占优先级与响应优先级示例如表 6-1 所示。

表 6-1　抢占优先级与响应优先级示例

中 断 向 量	抢占优先级	响应优先级	说　明
A	0	1	抢占优先级相同，响应优先级数值小的优先级高
B	0	2	
A	1	2	响应优先级相同，抢占优先级数值小的优先级高
B	0	2	
A	1	0	抢占优先级比响应优先级高
B	0	2	
A	1	1	抢占优先级和响应优先级均相同，则中断向量编号小的先执行
B	1	1	

中断优先级决定了能否在一个中断函数中去执行其他的中断函数。STM32F407 中有中断分组的概念。可以使用 NVIC_PriorityGroupConfig（uint32_t NVIC_PriorityGroup）函数分为 0~4 组，每组的分配结果如表 6-2 所示。

表 6-2　中断分组的分配

组	位的分配情况	中断优先级分配结果
NVIC_PriorityGroup_0	0:4	0 位抢占优先级（0），4 位响应优先级（0~15）
NVIC_PriorityGroup_1	1:3	1 位抢占优先级（0~1），3 位响应优先级（0~7）
NVIC_PriorityGroup_2	2:2	2 位抢占优先级（0~3），2 位响应优先级（0~3）
NVIC_PriorityGroup_3	3:1	3 位抢占优先级（0~7），1 位响应优先级（0~1）

（续）

组	位的分配情况	中断优先级分配结果
NVIC_PriorityGroup_4	4：0	4 位抢占优先级（0~15），0 位响应优先级（0）

注：1. NVIC_PriorityGroup_0 表示选择第 0 组，所有 4 位用于指定响应优先级（16 种）。
　　2. NVIC_PriorityGroup_1 表示选择第 1 组，最高 1 位用于指定抢占式优先级，最低 3 位用于指定响应优先级（8 种）。
　　3. NVIC_PriorityGroup_2 表示选择第 2 组，最高 2 位用于指定抢占式优先级，最低 2 位用于指定响应优先级（4 种）。
　　4. NVIC_PriorityGroup_3 表示选择第 3 组，最高 3 位用于指定抢占式优先级，最低 1 位用于指定响应优先级（2 种）。
　　5. NVIC_PriorityGroup_4 表示选择第 4 组，所有 4 位用于指定抢占式优先级。

　　例：有 4 个外部中断，那么如果选择优先级分组为第 1 组，那么抢占式优先级只有 2 种，响应优先级可以有 8 种选择。假如现在同时有两个抢占式优先级相同的中断发生，处理的顺序是谁的响应优先级高则优先处理谁。另外需要注意：如果进入这个中断之后又来了一个中断，后面这个中断的抢占式优先级同先进入的中断相同但是响应优先级更高，这时后来的中断不会打断先前的中断。

6.2.2　外部中断

　　外部中断/事件控制器（EXTI）管理了控制器的 23 个中断/事件线。每个中断/事件线都对应一个边沿检测器，可以实现输入信号的上升沿检测和下降沿检测。EXTI 可以对每个中断/事件线进行单独配置，可以单独配置为中断或者事件，以及触发事件的属性。EXTI 功能框图如图 6-2 所示。

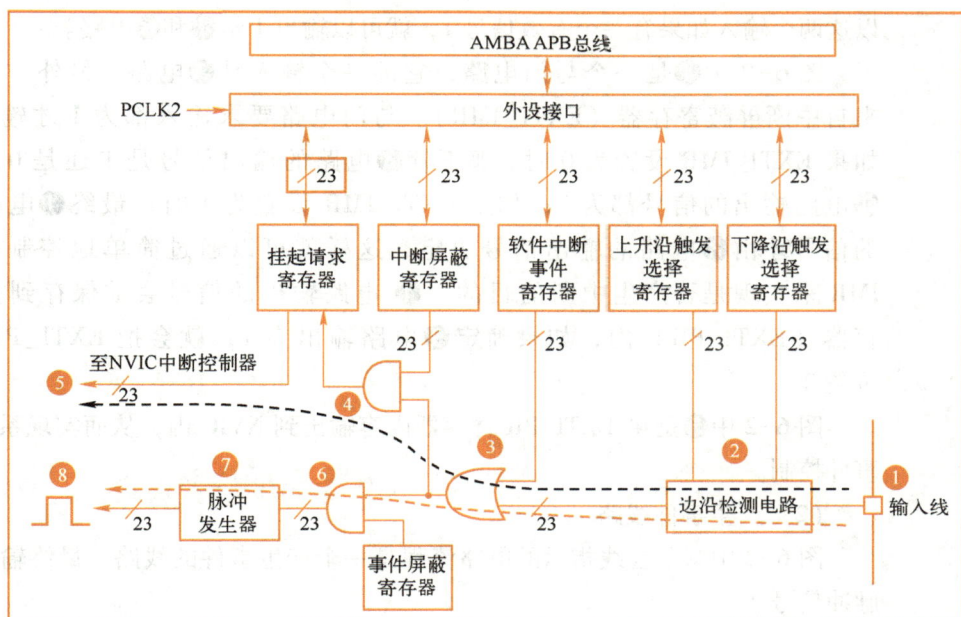

图 6-2　EXTI 功能框图

从图 6-2 可以看到，很多在信号线上打一个斜杠并标注"23"字样，这表示在控制器内部类似的信号线路有 23 个，这与 EXTI 总共有 23 个中断/事件线是吻合的。

EXTI 可分为两大功能，一个是产生中断，另一个是产生事件，这两个功能从硬件上就有所不同。

（1）产生中断线路

图 6-2 中虚线指示的电路流程，是一个产生中断的线路，最终信号流入到 NVIC 控制器内。

图 6-2 中❶是输入线，EXTI 控制器有 23 个中断/事件输入线，这些输入线可以通过寄存器设置为任意一个 GPIO，也可以是一些外设的事件。输入线一般是存在电平变化的信号。

图 6-2 中❷是一个边沿检测电路，它会根据上升沿触发选择寄存器（EXTI_RTSR）和下降沿触发选择寄存器（EXTI_FTSR）对应位的设置来控制信号触发。边沿检测电路以输入线作为信号输入端，如果检测到有边沿跳变就输出有效信号 1 给❸电路，否则输出无效信号 0。而 EXTI_RTSR 和 EXTI_FTSR 两个寄存器可以控制需要检测哪些类型的电平跳变过程，可以是只有上升沿触发、只有下降沿触发或者上升沿和下降沿都触发。

图 6-2 中❸实际就是一个或门电路，它的一个输入来自❷电路，另外一个输入来自软件中断事件寄存器（EXTI_SWIER）。EXTI_SWIER 允许通过程序控制启动中断/事件线，这在某些地方非常有用。或门的作用就是有 1 就为 1，所以这两个输入如果有一个有效信号 1，就可以输出 1 给❹和❻电路。

图 6-2 中❹是一个与门电路，它的一个输入是❸电路，另外一个输入来自中断屏蔽寄存器（EXTI_IMR）。与门电路要求输入都为 1 才输出 1。如果 EXTI_IMR 设置为 0 时，那不管❸电路的输出信号是 1 还是 0，最终❹电路输出的信号都为 0；如果 EXTI_IMR 设置为 1 时，最终❹电路输出的信号才由❸电路的输出信号决定，这样就可以通过简单地控制 EXTI_IMR 来实现是否产生中断的目的。❹电路输出的信号会被保存到挂起寄存器（EXTI_PR）内，如果确定❹电路输出为 1，就会把 EXTI_PR 对应位置 1。

图 6-2 中❺是将 EXTI_PR 寄存器内容输出到 NVIC 内，从而实现系统中断事件控制。

（2）产生事件线路

图 6-2 中彩色虚线指示的电路流程是一个产生事件的线路，最终输出一个脉冲信号。

产生事件线路是在❸电路之后，与产生中断线路有所不同，之前电路都是共用的。图 6-2 中❻电路是一个与门，它的一个输入是❸电路，另外一个输入来自事件屏蔽寄存器（EXTI_EMR）。如果 EXTI_EMR 设置为 0 时，那不管❸电路的输出信号是 1 还是 0，最终❻电路输出的信号都为 0；如果 EXTI_EMR 设置为 1 时，最终❻电路输出的信号才由❸电路的输出信号决定，这样可以通过简单地控制 EXTI_EMR 来实现是否产生事件的目的。

图 6-2 中❼是一个脉冲发生器电路，当它的输入端，即❻电路的输出端，是一个有效信号 1 时，就会产生一个脉冲；如果输入端是无效信号，就不会输出脉冲。

图 6-2 中❽是一个脉冲信号，就是产生事件的线路最终的产物，这个脉冲信号可以给其他外设电路使用，比如定时器 TIM、模拟 - 数字转换器（ADC）等。

产生中断线路的目的是把输入信号输入到 NVIC，进一步运行中断服务函数，实现相应的功能，这是软件级的。而产生事件线路的目的就是传输一个脉冲信号给其他外设，并且是电路级别的信号传输，属于硬件级的。

另外，EXTI 是在 APB2 总线上的，在编程的时候需要注意。

6.2.3　中断配置

先来了解一下配置中断的 EXTI_InitTypeDef 和 NVIC_InitTypeDef 结构体。

1. EXTI_InitTypeDef 结构体

外部中断的 EXTI_InitTypeDef 结构体在 stm32f4xx_exti.h 中的定义如下。

```
1.    typedef struct
2.    {
3.        uint32_t EXTI_Line；
4.        EXTIMode_TypeDef EXTI_Mode；
5.        EXTITrigger_TypeDef EXTI_Trigger；
6.        FunctionalState EXTI_LineCmd；
7.    } EXTI_InitTypeDef；
```

这个结构体中有四个成员，分别是 EXTI_Line（外部中断线）、EXTI_Mode（外部中断模式）、EXTI_Trigger（外部中断触发方式）和 EXTI_LineCmd（外部中断线使能）。

（1）EXTI_Line

STM32F407 的中断控制器支持多达 23 个软件事件/中断请求。每个中断/事件线上都具有独立的触发和屏蔽。通用外部 GPIO 口的输入中断对应以下几个外部中断线、中断通道和中断服务函数，如表 6-3 所示。

表6-3 外部中断线、中断通道和中断服务函数

GPIO 引脚	外部中断线	中断通道	中断服务函数
PA0～PG0	EXTI_Line0	EXTI0_IRQn	EXTI0_IRQHandler
PA1～PG1	EXTI_Line1	EXTI1_IRQn	EXTI1_IRQHandler
PA2～PG2	EXTI_Line2	EXTI2_IRQn	EXTI2_IRQHandler
PA3～PG3	EXTI_Line3	EXTI3_IRQn	EXTI3_IRQHandler
PA4～PG4	EXTI_Line4	EXTI4_IRQn	EXTI4_IRQHandler
PA5～PG5	EXTI_Line5		
PA6～PG6	EXTI_Line6		
PA7～PG7	EXTI_Line7	EXTI9_5_IRQn	EXTI9_5_IRQHandler
PA8～PG8	EXTI_Line8		
PA9～PG9	EXTI_Line9		
PA10～PG10	EXTI_Line10		
PA11～PG11	EXTI_Line11		
PA12～PG12	EXTI_Line12	EXTI15_10_IRQn	EXTI15_10_IRQHandler
PA13～PG13	EXTI_Line13		
PA14～PG14	EXTI_Line14		
PA15～PG15	EXTI_Line15		

注：其他的外部中断线、中断通道、中断服务函数本章不做说明。

（2）EXTI_Mode

EXTI_Mode 决定了外部中断触发模式，在 STM32F407 中可以选择的模式有 EXTI_Mode_Interrupt（中断请求）和 EXTI_Mode_Event（事件请求）。

1）EXTI_Mode_Interrupt：主要用于获得外部设备输入信号的跳变沿（中断源）触发中断。当外部中断线上出现选定信号沿时，便会产生中断请求，该中断请求可以在中断函数中清除。

2）EXTI_Mode_Event：主要用于获得外部设备输入信号的跳变沿，产生一个脉冲。靠脉冲发生器产生一个脉冲输出到芯片中的其他功能模块，进而由硬件自动完成这个事件产生的结果，当然相应的联动部件要先设置好，比如 DMA 操作、A-D 转换等。

（3）EXTI_Trigger

EXTI_Trigger 决定了外部中断触发的方式（中断源），在 STM32F407 中可以选择的外部中断触发方式有 EXTI_Trigger_Rising（上升沿触发）、EXTI_Trigger_Falling（下降沿触发）、EXTI_Trigger_Rising_Falling（跳变沿触发）。顾名思义，它们是由其对应电平跳变时的信号触发产生中断/事件的。

（4）EXTI_LineCmd

EXTI_LineCmd 通常赋值 ENABLE，用以在最后配置完后开启外部中断。还可以赋值 DISABLE，这样在结构体代入初始化函数时其他成员的赋值都会变得无效。

2. NVIC_InitTypeDef 结构体

中断向量/优先级的 NVIC_InitTypeDef 结构体在 misc.h 中的定义如下。

```
1.    typedef struct
2.    {
3.        uint8_t NVIC_IRQChannel;                      //中断通道
4.        uint8_t NVIC_IRQChannelPreemptionPriority;    //中断抢占优先级
5.        uint8_t NVIC_IRQChannelSubPriority;           //中断响应优先级
6.        FunctionalState NVIC_IRQChannelCmd;           //中断通道使能
7.    } NVIC_InitTypeDef;
```

中断向量结构体成员 NVIC_IRQChannelCmd（中断通道使能）与其他结构体的使能成员一样：赋值为 ENABLE，则允许初始化。赋值为 DISABLE，则使结构体成员失效。

3. 外部中断程序编写流程

外部中断程序编写流程如图 6-3 所示。

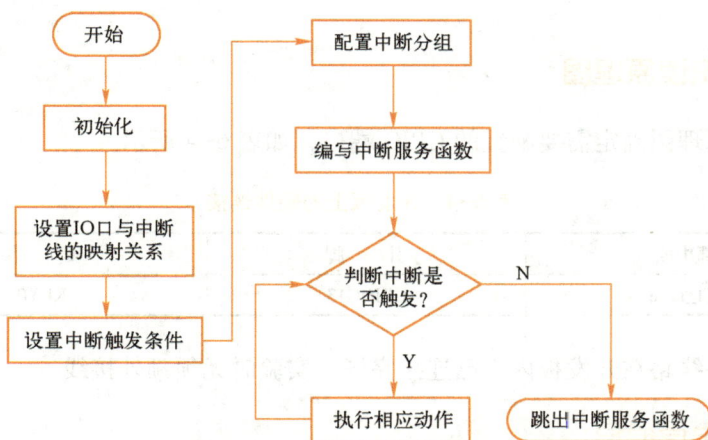

图 6-3 外部中断程序编写流程

6.3 项目实施

6.3.1 项目实施流程

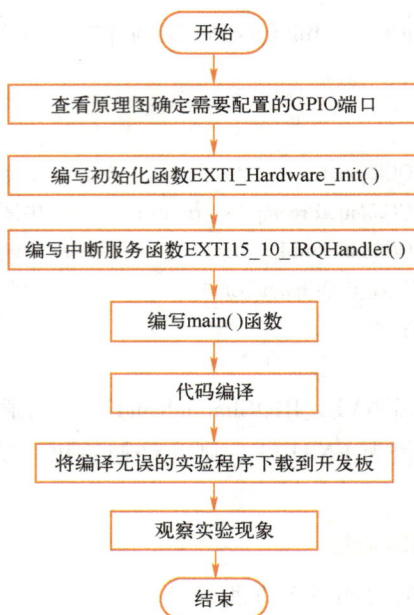

```
            开始
             │
   查看原理图确定需要配置的GPIO端口
             │
  编写初始化函数EXTI_Hardware_Init( )
             │
 编写中断服务函数EXTI15_10_IRQHandler( )
             │
        编写main( )函数
             │
          代码编译
             │
   将编译无误的实验程序下载到开发板
             │
        观察实验现象
             │
           结束
```

6.3.2 识读原理图

查看原理图确定需要配置的 GPIO 端口，如表 6-4 所示。

表 6-4　开发板上的硬件连接

外部中断线	引　脚	硬　件
EXTI_Line13	GPIOG13	KEY0

该硬件线路在开发板内部已连接完毕，实验时无须额外接线。

6.3.3 程序编写

1. 中断初始化配置

初始化 IO 端口，开启 IO 口复用时钟，设置 IO 口与中断线的映射关系，开启与该 IO 口相对应的线上中断/事件，设置触发条件，配置中断分组（NVIC），并使能中断。

```
1.      void EXTI_Hardware_Init(void)
2.      {
3.          GPIO_InitTypeDef GPIO_TypeDefStructure;
4.          EXTI_InitTypeDef EXTI_TypeDefStructure;
5.          NVIC_InitTypeDef NVIC_TypeDefStructure;
6.
7.          //开启中断输入端口时钟
8.          RCC_AHB1PeriphClockCmd(RCC_AHB1Periph_GPIOG,ENABLE);
9.          //开启外部中断时钟
10.         RCC_APB2PeriphClockCmd(RCC_APB2Periph_SYSCFG,ENABLE);
11.
12.         //KEY0 for EXTI in Pin
13.         GPIO_TypeDefStructure.GPIO_Pin = GPIO_Pin_13;
14.         GPIO_TypeDefStructure.GPIO_Mode = GPIO_Mode_IN;       //通用输入模式
15.         GPIO_TypeDefStructure.GPIO_PuPd = GPIO_PuPd_UP;       //上拉
16.         GPIO_Init(GPIOG,&GPIO_TypeDefStructure);
17.
18.         //中断线关联
19.         SYSCFG_EXTILineConfig(EXTI_PortSourceGPIOG,EXTI_PinSource13);
20.
21.         EXTI_TypeDefStructure.EXTI_Line = EXTI_Line13;        //中断线选择
22.         EXTI_TypeDefStructure.EXTI_Mode = EXTI_Mode_Interrupt; //中断触发
23.         EXTI_TypeDefStructure.EXTI_Trigger = EXTI_Trigger_Falling;//下降沿触发
24.         EXTI_TypeDefStructure.EXTI_LineCmd = ENABLE;          //中断线使能
25.         EXTI_Init(&EXTI_TypeDefStructure);                    //初始化配置
26.
27.         //EXTI15_10_IRQn 中断向量优先级设置
28.         NVIC_TypeDefStructure.NVIC_IRQChannel = EXTI15_10_IRQn;  //选择中断通道
29.         NVIC_TypeDefStructure.NVIC_IRQChannelPreemptionPriority = 0;//设置先占优先级
30.         NVIC_TypeDefStructure.NVIC_IRQChannelSubPriority = 0;   //设置从优先级
31.         NVIC_TypeDefStructure.NVIC_IRQChannelCmd = ENABLE;     //设置中断通道开启
32.         NVIC_Init(&NVIC_TypeDefStructure);                     //初始化配置中断优先级
33.     }
```

笔记

SYSCFG_EXTILineConfig(uint8_t EXTI_PortSourceGPIOx, uint8_t EXTI_PinSourcex)是中断线关联函数，其中：

第一个输入变量为外部中断端口输入源组，其关键字为 EXTI_PortSource。后面的关键字为 GPIOA~GPIOG，是用于选择要关联的 GPIO 组。

第二个输入变量为外部中断端口输入源，其关键字为 EXTI_PinSource。与第一个输入变量不同的是用于选择要关联的 GPIO_PIN 引脚（0~15）。

2. 中断服务函数

```
1.    void EXTI15_10_IRQHandler( )
2.    {
3.        if( EXTI_GetITStatus( EXTI_Line13 ) = = SET )
4.        {
5.            LED0_TOGGLE( );
6.            EXTI_ClearITPendingBit( EXTI_Line13 );
7.        }
8.    }
```

中断服务函数是必不可少的，这是中断设置的最后一步，如果在程序里面开启了中断，但是没编写中断服务函数，就可能引起硬件错误，从而导致程序崩溃！所以在开启了某个中断后，一定要为该中断编写服务函数。在终端服务函数里面编写要执行的中断后的操作。

3. 主函数

```
1.    int main( void )
2.    {
3.        NVIC_PriorityGroupConfig( NVIC_PriorityGroup_0 );
4.        LED_Hardware_Init( );
5.        Delay_Init( );
6.        EXTI_Hardware_Init( );                //外部中断初始化
7.
8.        while( 1 )
9.        {
10.           ;
11.       }
12.   }
```

6.3.4 功能测试

本项目通过开发板上按键 K1 触发外部中断 13 来控制灯的亮灭，代码编译成功后（0 Error，0 Warning），使用 J-LINK 连接开发板和计算机，下载程序并复位查看，当结果与预期一致则说明项目成功：按下按键 K1，触发外部中断，D6 处 LED 灯光状态翻转，如图 6-4 所示。

6.3.4　功能
测试

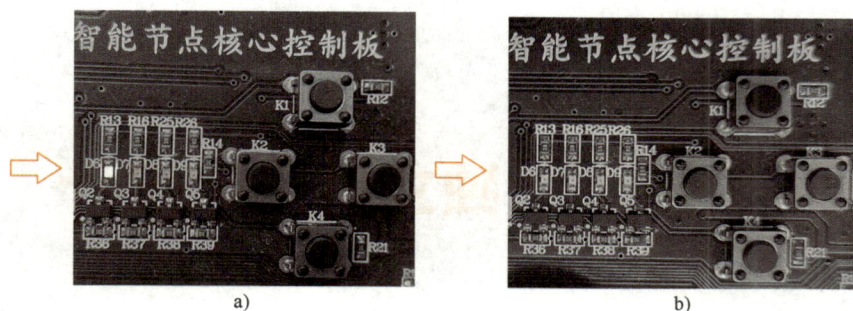

图 6-4　程序运行结果

a）按下 K1，D6 处 LED 亮　b）再次按下 K1，D6 处 LED 灭

6.4　项目总结

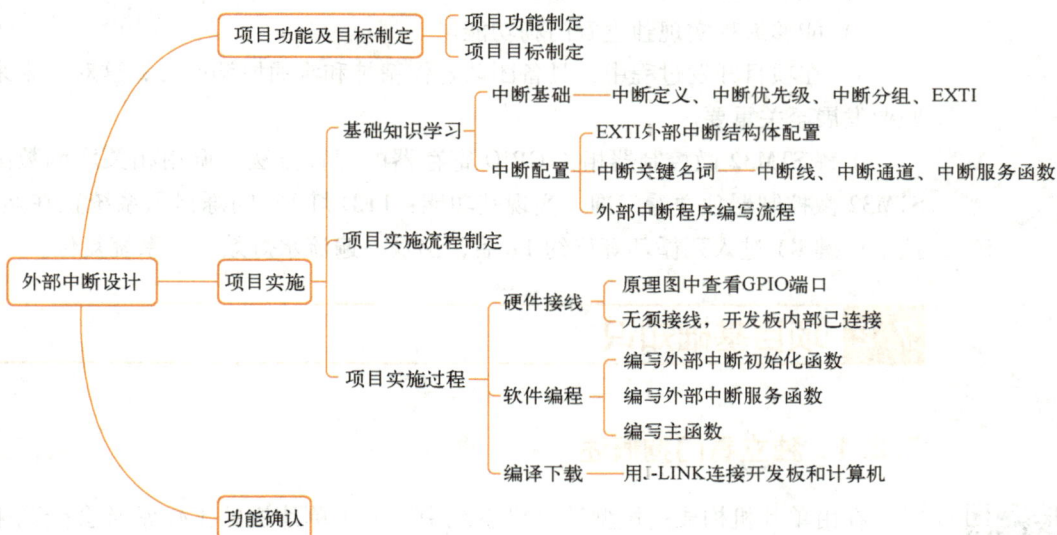

习题

1. 依据外部中断实验，试着配置不同的中断优先级，观察实验现象。

2. 描述中断分组。

3. 外部中断控制器 EXTI 如何配置？

项目 7　独立看门狗设计

STM32F4 内部自带了两个看门狗：独立看门狗（IWDG）和窗口看门狗（WWDG），本章将介绍如何使用 STM32F4 的独立看门狗。

7.1　项目目标

1）理解独立看门狗的概念，掌握 STM32 独立看门狗的配置方法。

2）能够编程实现独立看门狗功能。

3）在项目开发过程中，具备团队合作精神和沟通协调能力，这对于未来的职业发展至关重要。

了解 STM32 微控制器相关 GPIO 寄存器的配置方法，调用相关库函数配置 STM32 微控制器独立看门狗，实现其功能：LED 灯 D6 闪烁提示系统正在运行，按下按键 K1 进入死循环等待约 1 s 后，出现一遍流水灯效果，系统复位。

7.2　项目基础知识

7.2.1　独立看门狗概述

在由单片机构成的微型计算机系统中，由于单片机的工作常常会受到来自外界电磁场的干扰，造成程序的跑飞，而陷入死循环；或者程序的正常运行被打断，由单片机控制的系统无法继续工作，会造成整个系统陷入停滞状态，发生不可预料的后果。所以出于对单片机运行状态进行实时监测的考虑，便产生了一种专门用于监测单片机程序运行状态的模块或者芯片，俗称"看门狗"（WatchDog）。

简单点说：看门狗的作用就是在一定时间内（通过定时计数器实现），没有接收到"喂狗"信号（表示单片机程序已经卡死），便实现处理器的自动复位重启（发送复位信号）。看门狗的作用和要求：在系统跑飞（程序异常执行）的情况，系统复位，程序重新执行；在系统正常运行的时候，系统不能复位。

STM32 微控制器的看门狗本质上是一个复位定时器。当定时器计数完成后进行系统的软件复位，当然这个复位的中断等级是最高的，常用于防止程序卡死。而所谓的"喂狗"就是在计数器计数完成前，对看门狗定时器重新赋值。

7.2.2　独立看门狗的功能

通过向关键字寄存器（IWDG_KR）写入0XCCCC启动独立看门狗，计数器会从复位值0XFFF，递减计数，当计数器的值达到0X000时，产生复位信号。在计数值还未达到0X000时，向IWDG_KR寄存器写入0XAAAA，IWDG_RLR寄存器的值就会重装载到计时器，从而可以避免产生复位。可以看出，当软件运行出问题，在一定的时间内无法做到喂狗的功能时，就会产生系统复位，实现其对软件故障的检测和处理。

独立看门狗框图如图7-1所示。

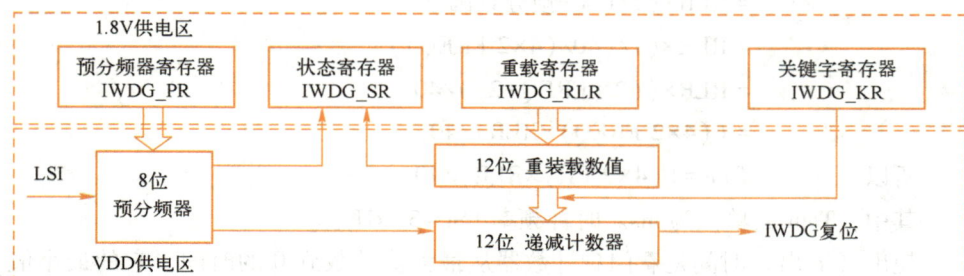

图 7-1　独立看门狗框图

注意： 看门狗功能由VDD电压域供电，在停止模式和待机模式下仍能工作。

7.2.3　独立看门狗超时时间

独立看门狗超时时间见表7-1。这些时间均针对32 kHz时钟给出。实际上，单片机内部的RC频率会在30~60 kHz之间变化。此外，即使RC振荡器的频率是精确的，确切的时序仍然依赖于APB接口时钟与RC振荡器时钟之间的相位差，因此总会有一个完整的RC周期是不确定的。

表 7-1　独立看门狗超时时间（32 kHz的输入时钟（LSI））

预分频系数	PR[2:0]位	最短时间/ms RL[11:0] = 0x000	最长时间/ms RL[11:0] = 0xFFF
/4	0	0.125	512
/8	1	0.25	1024
/16	2	0.5	2048

（续）

预分频系数	PR[2:0]位	最短时间/ms RL[11:0]＝0x000	最长时间/ms RL[11:0]＝0xFFF
/32	3	1	4096
/64	4	2	8192
/128	5	4	16384
/256	6	8	32768

超出（溢出）时间计算：其中 RLR 是重装载寄存器，FREQ 为 8 位预分频器的值。

$$Tout = RLR \times 看门狗时钟周期$$
$$= RLR \times (1/FREQ) = RLR \times (1/(40 \times 预分频系数))$$
$$= RLR \times (1/(40/预分频因子))$$
$$= RLR \times (1/(40/(4 \times 2^{FREQ})))$$
$$= RLR \times ((2^{(FREQ+2)})/40)$$
$$= ((4 \times 2^{FREQ}) \times RLR)/40$$

所以　　　　　　$Tout = ((4 \times 2^{PR}) \times RLR)/40$

其中，Tout 的单位为 ms。时钟频率 LSI＝32 kHz。

超出（溢出）时间是看门狗计数器从最大值计数到 0 的时间，它的最小值可以认为是一个看门狗时钟周期，最大值为

（IWDG_RLR 寄存器的值+1）×看门狗时钟周期

这里加 1 是因为计数是从 0 开始的，所以从最大值到 0 需要的时间是最大值加 1 个时钟周期。

7.2.4 相关寄存器

查阅《STM32F4xx 中文参考手册》，获取独立看门狗相关寄存器。

1）独立看门狗关键字寄存器如图 7-2 所示。

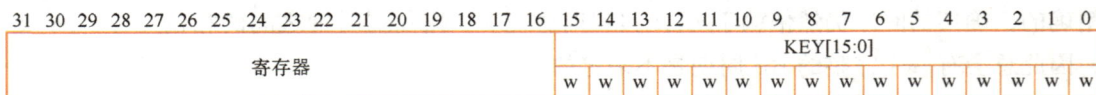

31	30	29	28	27	26	25	24	23	22	21	20	19	18	17	16	15	14	13	12	11	10	9	8	7	6	5	4	3	2	1	0
						寄存器															KEY[15:0]										
																w	w	w	w	w	w	w	w	w	w	w	w	w	w	w	w

位31:16 保留，必须保持复位值。
位15:0 KEY[15:0]：键值(Key value)(只写位，读为0000h)
　　　　必须每隔一段时间便通过软件对这些位写入键值AAAAh，否则当计数器计数到0时，看门狗
　　　　会产生复位。
　　　　写入键值5555h，可启动对IWDG_PR和IWDG_RLR寄存器的访问(请参见第18.3.2节)
　　　　写入键值CCCCh，可启动看门狗(选中硬件看门狗选项的情况除外)

图 7-2　独立看门狗关键字寄存器

2）独立看门狗预分频器寄存器如图 7-3 所示。

31	30	29	28	27	26	25	24	23	22	21	20	19	18	17	16	15	14	13	12	11	10	9	8	7	6	5	4	3	2	1	0
寄存器																													PR[2:0]		
																													rw	rw	rw

位31:3 保留，必须保持复位值。
位2:0 PR[2:0]：预分频器(Prescaler divider)

这些位受写访问保护。通过软件设置这些位来选择计数器时钟的预分频因子。若要更改预分频器的分频系数，IWDG_SR的PVU位必须为0。
000：4分频
001：8分频
010：16分频
011：32分频
100：64分频
101：128分频
110：256分频
111：256分频
注意：读取该寄存器会返回VDD电压域的预分频器值。如果正在对该寄存器执行写操作，则读取的值可能不是最新的、有效的。因此，只有在IWDG_SR寄存器中的PVU位为0时，从寄存器读取的值才有效。

图 7-3 独立看门狗预分频器寄存器

3）独立看门狗重载寄存器如图 7-4 所示。

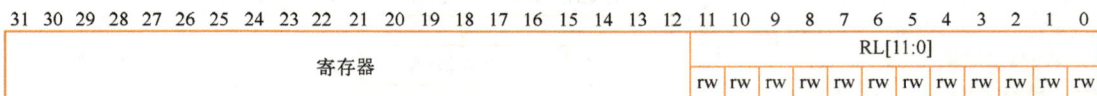

31	30	29	28	27	26	25	24	23	22	21	20	19	18	17	16	15	14	13	12	11	10	9	8	7	6	5	4	3	2	1	0
寄存器																				RL[11:0]											
																				rw	rw	rw	rw	rw	rw	rw	rw	rw	rw	rw	rw

位31:12 保留，必须保持复位值。
位11:0 RL[11:0]：看门狗计数器重载值(Watchdog counter reload value)

这些位受写访问保护，请参见第18.3.2节。这个值由软件设置，每次对IWDR_KR寄存器写入值AAAAh时，这个值就会重装载到看门狗计数器中。之后，看门狗计数器便从该装载的值开始递减计数。超时周期由该值和时钟预分频器共同决定。
若要更改重载值，IWDG_SR中的RVU位必须为0。
注意：读取该寄存器会返回VDD电压域的重载值。如果正在对该寄存器执行写操作，则读取的值可能不是最新的、有效的。因此，只有在IWDG_SR寄存器中的RVU位为0时，从寄存器读取的值才有效。

图 7-4 独立看门狗重载寄存器

4）独立看门狗状态寄存器如图 7-5 所示。

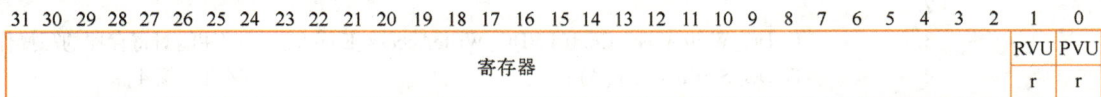

31	30	29	28	27	26	25	24	23	22	21	20	19	18	17	16	15	14	13	12	11	10	9	8	7	6	5	4	3	2	1	0
寄存器																														RVU	PVU
																														r	r

位31:2 保留，必须保持复位值。
位1 RVU：看门狗计数器重载值更新(Watchdog counter reload value update)

可通过硬件将该位置1以指示重载值正在更新。当在VDD电压域下完成重载值更新操作后(需要多达5个RC 40kHz周期)，会通过硬件将该位复位。
重载值只有在RVU位为0时才可更新。
位0 PVU：看门狗预分频器值更新(Watchdog prescaler value update)

可通过硬件将该位置1以指示预分频器值正在更新。当在VDD电压域下完成预分频器值更新操作后(需要多达5个RC 40kHz周期)，会通过硬件将该位复位。
预分频器值只有在PVU位为0时才可更新。
注意：如果使用多个重载值或预分频器值，则必须等到RVU位被清零后才能更改重载值，而且必须等到PVU位被清零后才能更改预分频器值。但是，在更新预分频器或重载值之后，则无须等到RVU或PVU复位后再继续执行代码(即便进入低功耗模式，也会继续执行写操作至完成)。

图 7-5 独立看门狗状态寄存器

笔记

7.3 项目实施

7.3.1 项目实施流程

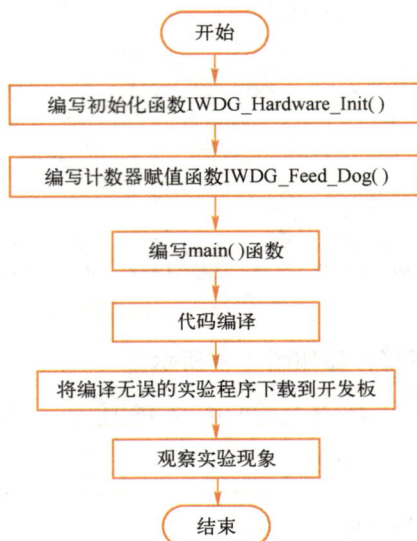

```
开始
↓
编写初始化函数IWDG_Hardware_Init( )
↓
编写计数器赋值函数IWDG_Feed_Dog( )
↓
编写main( )函数
↓
代码编译
↓
将编译无误的实验程序下载到开发板
↓
观察实验现象
↓
结束
```

7.3.2 程序编写

1. 独立看门狗初始化配置

```
1.      void IWDG_Hardware_Init( )
2.      {
3.          IWDG_WriteAccessCmd( IWDG_WriteAccess_Enable )    //使能对寄存器的写操作
4.          IWDG_SetPrescaler(4);                              //预分频 4
5.          //重装载值 625，根据公式可以计算得到：Tout=( ( 4×2^prer )×rlr)/40
6.          //Tout = ( ( 4 * 2^4) * 625 )/40 =   1000   即 1000 ms
7.          IWDG_SetReload( 625 );
8.          IWDG_ReloadCounter( );            //重装载计数器，即喂狗函数
9.          IWDG_Enable( );                   //看门狗使能，即开启独立看门狗
10.     }
```

2. 喂狗（计数器赋值）

```
1.      void IWDG_Feed_Dog( void )                    //喂狗
```

```
2.       {
3.           IWDG_ReloadCounter( );                      //重装载初值
4.       }
```

笔 记

3. 主函数

```
1.    int main( void )
2.    {
3.        uint8_t i;
4.
5.        LED_Hardware_Init( );          //LED 初始化
6.        Delay_Init( );                 //延时初始化
7.        EXTI_Hardware_Init( );         //外部中断初始化
8.        IWDG_Hardware_Init( );         //独立看门狗初始化
9.
10.       for( i=2;i<6;i++ )             //流水灯表示复位一次
11.       {
12.           GPIO_ResetBits( GPIOE,1<<i );
13.           Delay_ms( 50 );
14.           GPIO_SetBits( GPIOE,1<<i );
15.       }
16.       while( 1 )
17.       {
18.           LED0_TOGGLE( );            //LED0 闪烁单片机正在运行
19.           IWDG_Feed_Dog( );          //喂狗
20.           Delay_ms( 200 );
21.       }
22.    }
```

7.3.3　功能测试

代码编译成功后（0 Error，0 Warning），使用 J-LINK 连接开发板和计算机，下载程序并复位查看，当结果与预期一致则说明项目成功。代码下载后，可以看到 D6 处 LED 灯在不停地闪烁，证明系统正在运行。此时按下按键 K1，系统进入死循环，LED0 不再闪烁，等待大约 1 s 后，四盏灯出现一遍流水灯效果，系统复位，D6 处 LED 灯恢复闪烁状态，表明系统恢复正常运行。

7.3.3　功能测试

7.4 项目总结

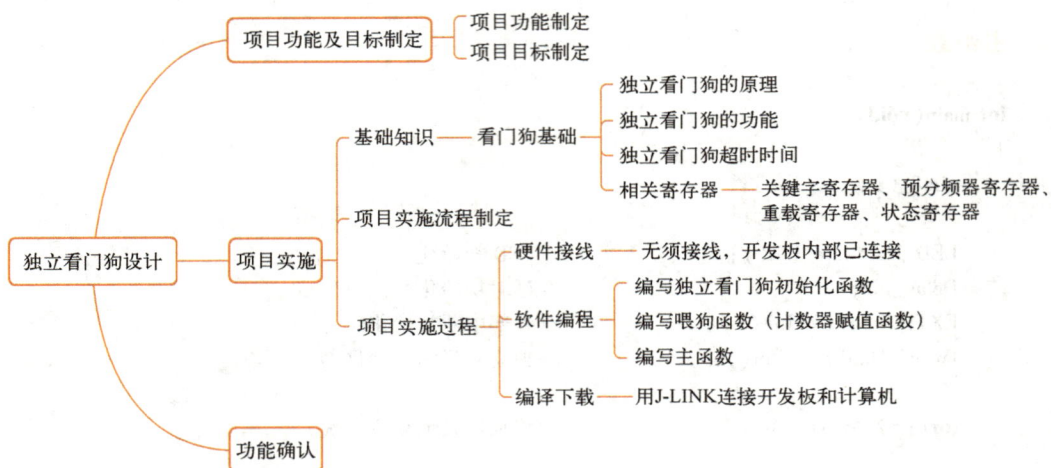

习题

1. 依据项目讲解内容，完成独立看门狗实验。
2. 描述独立看门狗功能。
3. 描述独立看门狗项目实施流程。

项目 8　定时器中断设计

STM32F407 的定时器功能十分强大，有 14 个定时器，包括高级定时器（TIM1、TIM8），通用定时器（TIM2～TIM5，TIM9～TIM14），基本定时器（TIM6 和 TIM7）。在本项目中，将选择难度适中的通用定时器 TIM3 来实现定时器中断，进而控制 LED 灯的翻转。

8.1　项目目标

1）了解定时器的工作原理，掌握 STM32 定时器的配置方法。

2）能够编程实现定时器中断来控制 LED 灯。

3）通过项目实践，具备创新思维和拓展能力，在前面学习的中断基础知识的基础上进行拓展。

了解 STM32 微控制器相关 GPIO 寄存器的配置方法，调用相关库函数配置 STM32 微控制器定时器计数值与分频系数，实现 1 s 产生一次中断并控制 LED 灯电平翻转。

8.2　项目基础知识

8.2.1　基础定时器功能

定时器可以理解为是一个自动重载的计数器，用来驱动计数器计数的时钟来源于 APB1 总线或 APB2 总线（传输时钟信号的总线），如图 8-1 所示。通过对时钟信号的分频和计数目标值的设置可以控制定时器触发的时间长度。当它从重载值（初始值）自加到目标值时，会产生一个中断信号并立刻从重装值开始计数，这样便保证了定时器的准确性。而这个中断信号能够让函数产生中断，再去执行中断函数。

8.2　项目基础知识

> 💡 **注意**：如果定时器的周期短，在中断函数中添加过多的代码或长时间的延时函数是错误的选择。

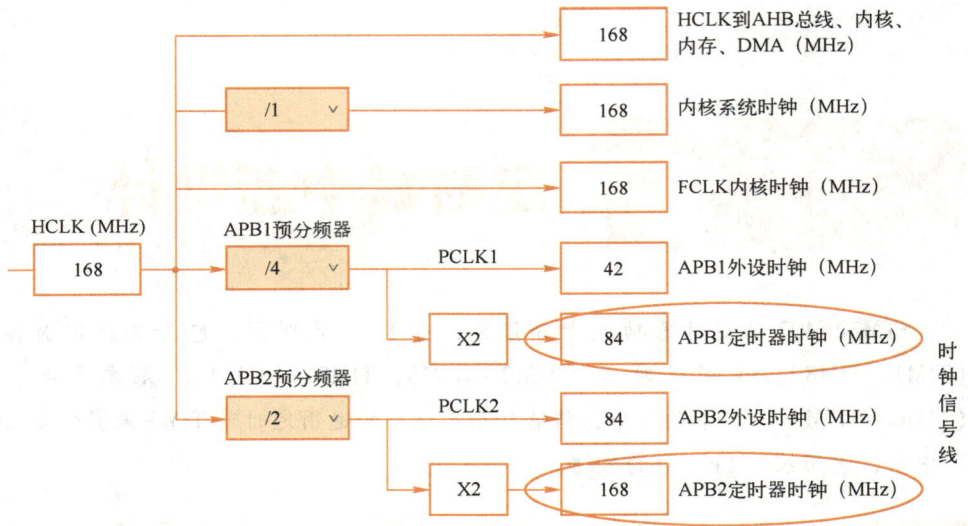

图 8-1　STM32F407 时钟信号

STM32F407 有 14 个定时器，分为三类：高级定时器（TIM1、TIM8），通用定时器（TIM2~TIM5，TIM9~TIM14），基本定时器（TIM6、TIM7）。三类定时器简介如表 8-1 所示。

表 8-1　STM32F407 定时器简介

定时器种类	位数/位	计数器模式	发出 DMA 请求	捕获/比较通道个数	互补输出	特殊应用场景
高级定时器	16	向上、向下、向上/下（中心对齐）	可以	4	有	带死区控制盒紧急刹车，可应用于 PWM 电机控制
通用定时器	16	向上、向下、向上/下（中心对齐）	可以	1~4	无	通用定时计数，PWM 输出，输入捕获，输出比较
基本定时器	16	向上、向下、向上/下（中心对齐）	可以	0	无	主要应用于驱动 DAC

本实验采用定时器 3（通用定时器）完成计数，三种计数模式如图 8-2 所示。

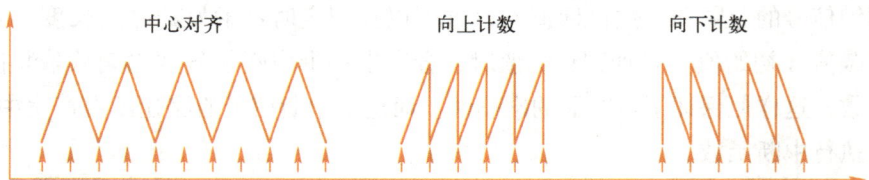

图 8-2　三种计数模式

8.2.2　通用定时器工作流程

通用定时器框图如图 8-3 所示，可分成四部分：最顶上的一部分（计数时钟的选择）、中间部分（时基单元）、左下部分（输入捕获）、右下部分（PWM 输出）。

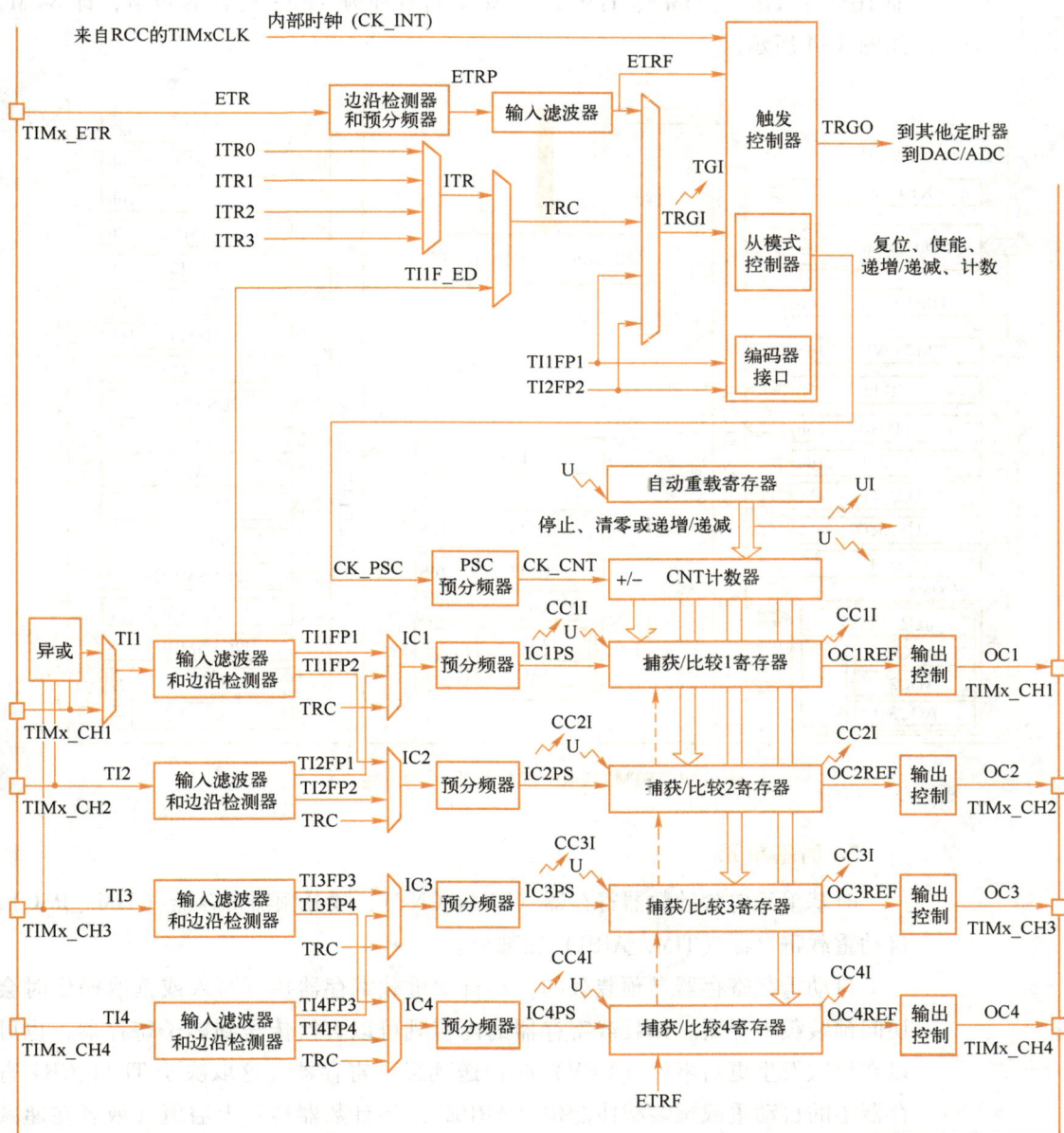

图 8-3　通用定时器框图

1. 时钟选择

计数器时钟可由下列时钟源提供：内部时钟（TIMx_CLK）、外部时钟模式 1（外部捕捉比较引脚（TIx））、外部时钟模式 2（外部引脚输入（TIMx_ETR）、内部触发输入（ITRx））。

当选择内部时钟时，TIM1、TIM8 ~ TIM11 的时钟为 APB2 时钟的两倍，即 168M；TIM2 ~ TIM7、TIM12 ~ TIM14 的时钟为 APB1 时钟的两倍，即 84 M，如图 8-4 所示。

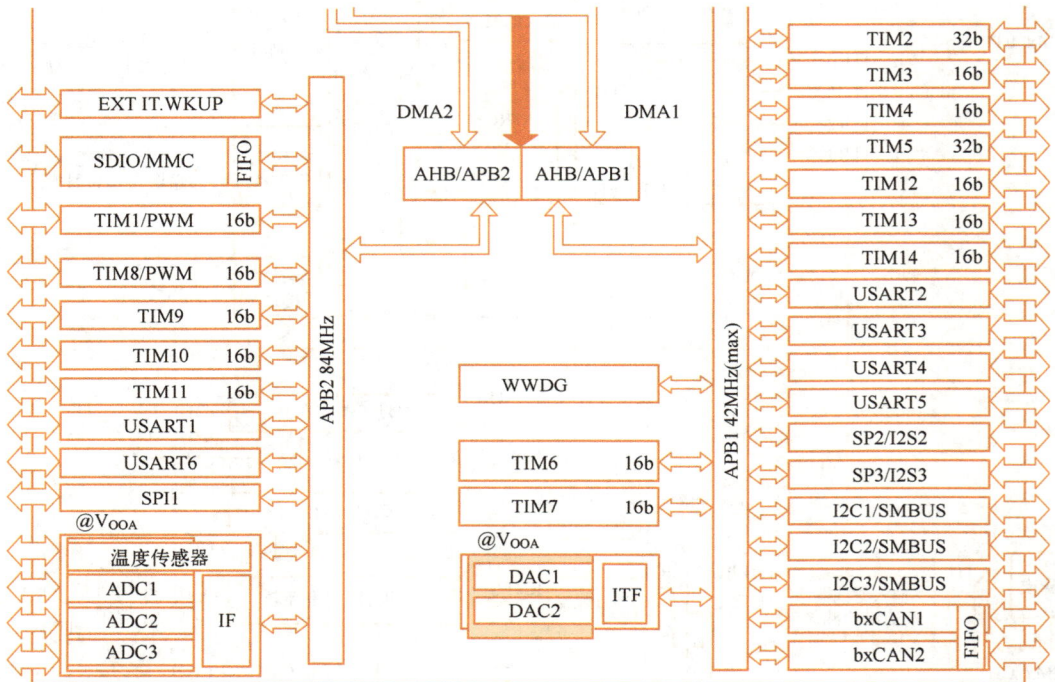

图 8-4　STM32F407 部分外设架构示意图

2. 时基单元

时基单元包含计数器寄存器（TIMx_CNT）、预分频器寄存器（TIMx_PSC）、自动重载寄存器（TIMx_ARR）三部分。

自动重载寄存器是预装载的。对自动重载寄存器执行写入或读取操作时会访问预装载寄存器。预装载寄存器的内容既可以直接传送到影子寄存器，也可以在每次发生更新事件（UEV）时传送到影子寄存器，这取决于 TIMx_CR1 寄存器中的自动重载预装载使能位（ARPE）。当计数器达到上溢值（或者在递减计数时达到下溢值）并且 TIMx_CR1 寄存器中的 UDIS 位为 0 时，将发送更新事件。该更新事件也可由软件产生。

　　预分频寄存器也有和自动重载寄存器相似的结构：由于该控制寄存器具有缓冲功能，因此预分频器可实现实时更改。而新的预分频比将在下一更新事件发生时被采用。

　　对不同的预分频系数，计数器的时序如图 8-5 所示。

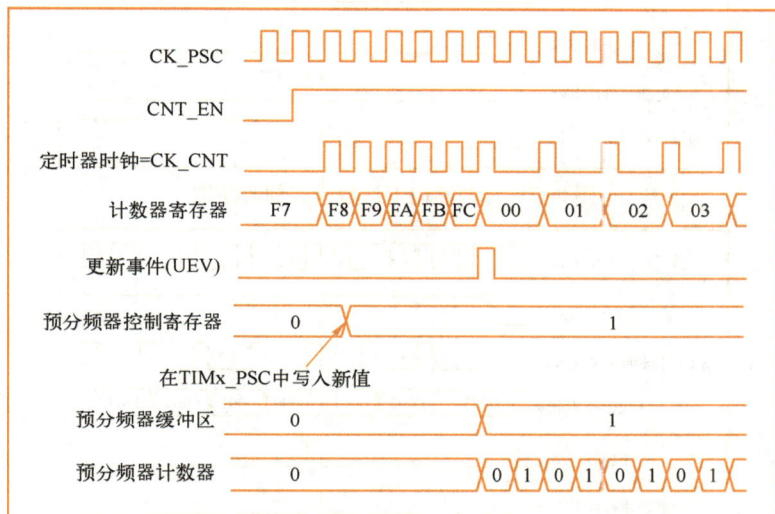

图 8-5　当预分频器的参数从 1 变到 2 时，计数器的时序图

　　结合时钟的时序图和时基单元来分析三种不同的计数模式：向上计数模式、向下计数模式和中央对齐模式。内部时钟分频因子为 2 时，三种模式的时序图分别如图 8-6～图 8-8 所示。

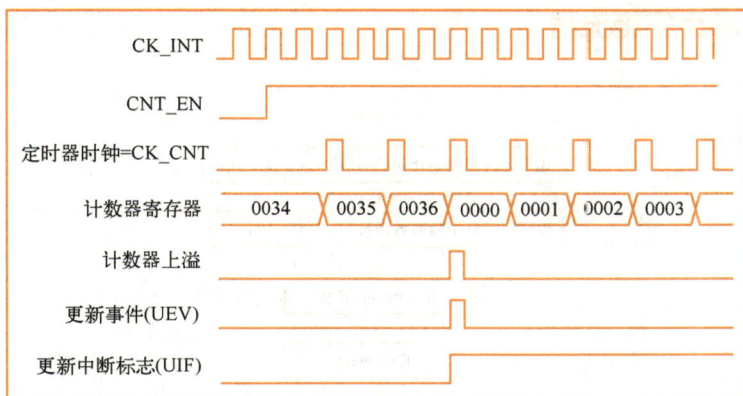

图 8-6　计数器向上计数模式的时序图

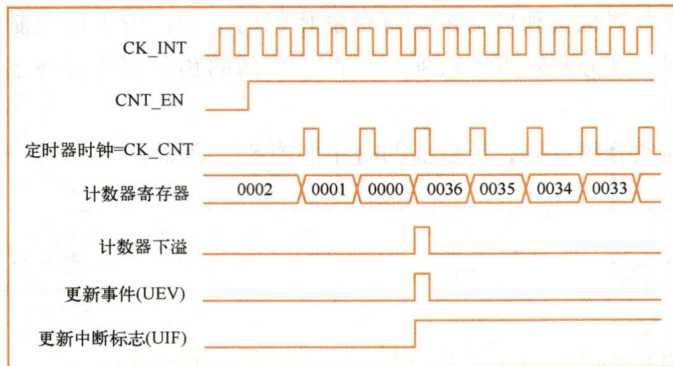

图 8-7　计数器向下计数模式的时序图

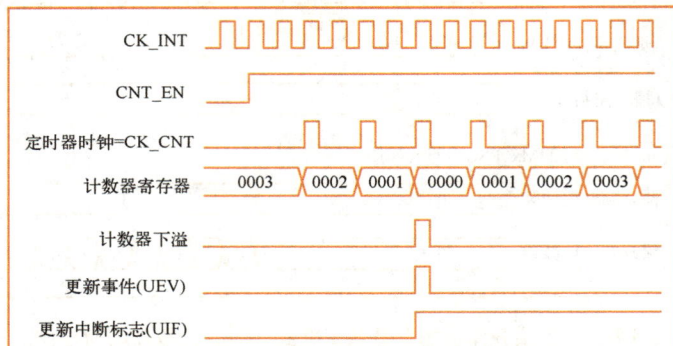

图 8-8　计数器中心对齐模式的时序图

8.3　项目实施

8.3.1　项目实施流程

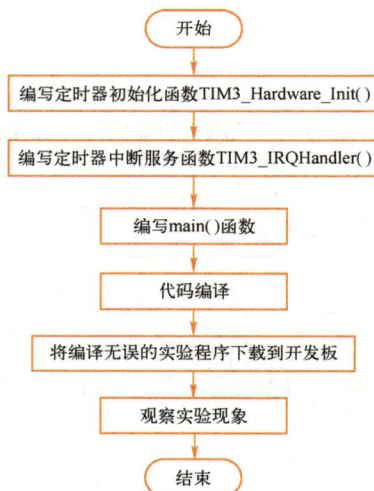

8.3.2　程序编写

1. 初始化函数

```
1.      void TIM3_Hardware_Init(uint16_t arr,uint16_t psc)
2.      {
3.          TIM_TimeBaseInitTypeDef TIM_TimeBaseInitStructure;
4.          NVIC_InitTypeDef NVIC_InitStructure;
5.
6.          RCC_APB1PeriphClockCmd(RCC_APB1Periph_TIM3,ENABLE);
                                                        //使能 TIM3 时钟
7.
8.          TIM_TimeBaseInitStructure.TIM_Period = arr;        //自动重装载值
9.          TIM_TimeBaseInitStructure.TIM_Prescaler=psc;       //定时器分频
10.         TIM_TimeBaseInitStructure.TIM_CounterMode=TIM_CounterMode_Up;
                                                        //向上计数模式
11.         TIM_TimeBaseInitStructure.TIM_ClockDivision=TIM_CKD_DIV1;
12.
13.         TIM_TimeBaseInit(TIM3,&TIM_TimeBaseInitStructure); //初始化 TIM3
14.
15.         TIM_ITConfig(TIM3,TIM_IT_Update,ENABLE);      //允许定时器 3 更新中断
16.         TIM_Cmd(TIM3,ENABLE);                        //使能定时器 3
17.
18.         NVIC_InitStructure.NVIC_IRQChannel=TIM3_IRQn;     //定时器 3 中断
19.         NVIC_InitStructure.NVIC_IRQChannelPreemptionPriority=0x01; //抢占优先级 1
20.         NVIC_InitStructure.NVIC_IRQChannelSubPriority=0x03;     //子优先级 3
21.         NVIC_InitStructure.NVIC_IRQChannelCmd=ENABLE;
22.         NVIC_Init(&NVIC_InitStructure);
23.     }
```

函数作用：用于设置预分频系数、计数方式、自动重装载计数值、时钟分频因子等参数。

计算定时器中断时间，以下面参数为例：

```
1.      TIM3_Hardware_Init(5000-1,8400-1);
```

定时器计算过程为：

最大频率(84 000 000)/分频系数(8400)= 10 kHz，最大自动重装载值为 50 000，则每隔 5000×(1/10)= 500 ms 产生一次定时器中断。

2. 使能函数

```
1.      void TIM_Cmd(TIM_TypeDef * TIMx, FunctionalState NewState);
2.      void TIM_ITConfig(TIM_TypeDef * TIMx, uint16_t TIM_IT, FunctionalState NewState);
```

3. 状态标志位获取函数

```
1.      FlagStatus TIM_GetFlagStatus(TIM_TypeDef * TIMx, uint16_t TIM_FLAG);
2.      void TIM_ClearFlag(TIM_TypeDef * TIMx, uint16_t TIM_FLAG);
3.      ITStatus TIM_GetITStatus(TIM_TypeDef * TIMx, uint16_t TIM_IT);
4.      void TIM_ClearITPendingBit(TIM_TypeDef * TIMx, uint16_t TIM_IT);
```

作用：前两者获取（或清除）状态标志位，后两者获取（或清除）中断状态标志位。

4. 中断服务函数

```
1.      void TIM3_IRQHandler(void)
2.      {
3.          if(TIM_GetITStatus(TIM3,TIM_IT_Update)= =SET)      //溢出中断
4.          {
5.              LED0_TOGGLE();
6.          }
7.          TIM_ClearITPendingBit(TIM3,TIM_IT_Update);         //清除中断标志位
8.      }
```

5. 主函数

```
1.      int main(void)
2.      {
3.          NVIC_PriorityGroupConfig(NVIC_PriorityGroup_0)
4.          LED_Hardware_Init();
5.          Delay_Init();
6.          TIM3_Hardware_Init(5000-1,8400-1);         //定时器闪烁
7.
8.          while(1)
9.          {
10.             LED1_TOGGLE();
11.             Delay_ms(500);
12.         Delay_ms(500);
13.         }
14.     }
```

8.3.3　功能测试

本项目通过两盏灯的亮灭对比来展示内部中断，其中 LED1 通过主函数来控制亮灭，LED0 通过 STM32F4 微控制器内 TIM3 定时器中断来控制亮灭，代码编译成功后（0 Error，0 Warning），使用 J-LINK 连接开发板和计算机，下载程序并复位查看，当结果与预期一致，则说明项目成功：通过设置开发板 TIM3 定时器每 500 ms 中断一次，实现开发板 D6 处 LED0 每 500 ms 状态反转一次，同时D7 处 LED1 状态每 1 s 翻转一次，即 LED0 翻转速度是 LED1 的两倍。

8.3.3　功能
测试

8.4　项目总结

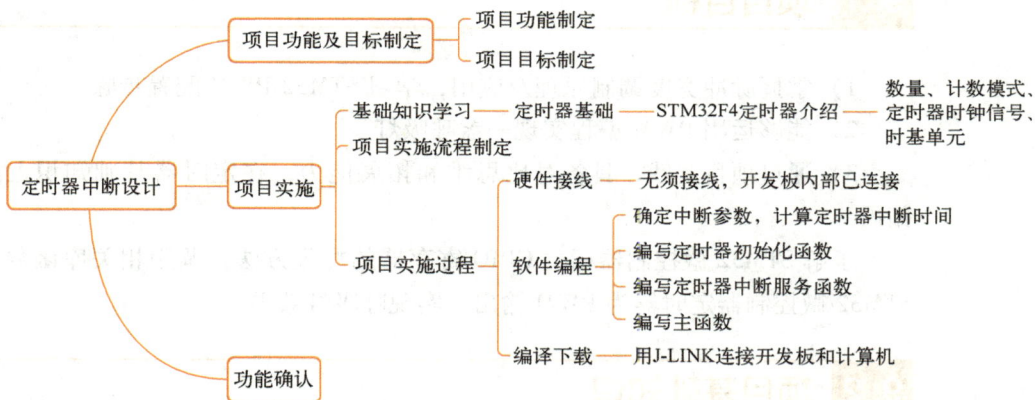

习题

1. 依据定时器中断实验，修改实验代码，使得 LED0 和 LED1 翻转速度相同。
2. 请描述定时器的三种计数模式。
3. STM32 的定时器中断在实际生活中有哪些应用？

项目 9　　PWM 输出设计

本项目介绍 STM32F4 的通用定时器 TIM9，用该定时器来控制 LED 灯的闪烁，主要学习如何使用 STM32F4 的 TIM9 来产生 PWM 输出，进而控制 LED3 的亮度变化，设计出一盏呼吸灯。

9.1　项目目标

1) 掌握脉冲宽度调制原理及应用，学习 STM32 PWM 配置步骤。

2) 能够运用 PWM 编程实现一盏呼吸灯。

3) 通过项目实践，具备对比思维和拓展能力，在定时器基础知识上进行拓展。

了解 STM32 微控制器相关 GPIO 寄存器的配置方法，调用相关库函数配置 STM32 微控制器定时器为 PWM 输出，实现呼吸灯效果。

9.2　项目基础知识

9.2.1　PWM 简介

9.2　项目
基础知识

脉冲宽度调制（Pulse Width Modulation，PWM）是利用微处理器的数字输出对模拟电路进行控制的一种非常有效的技术，广泛应用在测量、通信、功率控制与变换等许多领域中。

PWM 的调节作用来源于对脉冲宽度的控制，脉冲宽度变宽，输出的能量就会提高，通过阻容变换电路所得到的平均电压值也会上升；反之脉冲宽度变窄，输出的电压信号的电压平均值就会降低，通过阻容变换电路所得到的平均电压值也会下降。

占空比就是在一个脉冲周期内，高电平的时间占整个脉冲周期时间的比例，单位是%（范围是 0%~100%），如图 9-1 所示。例如：一个脉冲周期为 10 μs，其脉冲宽度为 4 μs，则其占空比则为

$$4/10 = 0.4 = 40\%$$

笔 记

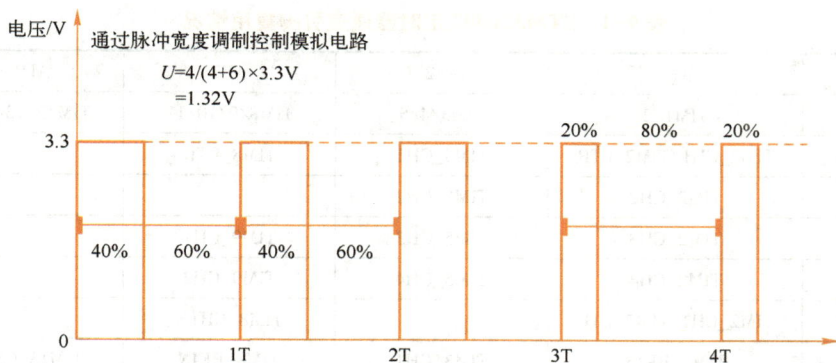

图 9-1 PWM 占空比示意图

9.2.2 定时器比较通道下的 PWM 模式

通用定时器含有一个不停自增或自减的自动重载计数器，也至少含有一个输出通道。含有输出通道的定时器能设置一个"比较值"，可以将"比较值"与不停自增自减的计数器值进行比较，从而控制输出通道拉高电平或拉低电平。

如图 9-2 所示，计数值从 0 计数到 100，比较值为 40。计数器未达到比较值，则输出通道输出高电平；超过了比较值，则输出通道输出为低电平。

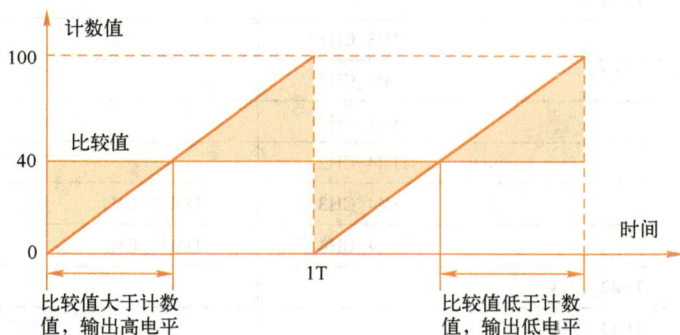

图 9-2 PWM 控制示意图

对定时器设置一个周期（通过设置分频系数和重载计数值），通过比较值和计数值的大小来控制一个周期内的脉冲的宽度，从而达到理想的输出效果。这个输出的 PWM 就是通过定时器的一个通道输出的。当有多个通道时可以设置多个比较值输出多个，但是它们只能共用一个计数器，即他们输出的脉冲周期是相同的。

9.2.3 定时器的捕获/比较通道

STM32F407 定时器通道引脚复用情况见表 9-1（选自 STM32F407 芯片手册）。

表 9-1　STM32F407 定时器通道引脚复用情况

引　脚	AF1 TIM1/2	AF2 TIM3/4/5	AF3 TIM8/9/10/11	AF9 TIM12/13/14
PA0	TIM2_CH1/TIM2_ETR	TIM5_CH1	TIM8_ETR	
PA1	TIM2_CH2	TIM5_CH2		
PA2	TIM2_CH3	TIM5_CH3	TIM9_CH1	
PA3	TIM2_CH4	TIM5_CH4	TIM9_CH2	
PA5	TIM2_CH1/TIM2_ETR		TIM8_CH1N	
PA6	TIM1_BKIN	TIM3_CH1	TIM8_BKIN	TIM13_CH1
PA7	TIM1_CH1N	TIM3_CH2	TIM8_CH1N	TIM14_CH1
PA8	TIM1_CH1			
PA9	TIM1_CH2			
PA10	TIM1_CH3			
PA11	TIM1_CH4			
PA12	TIM1_ETR			
PA15	TIM2_CH1/TIM2_ETR			
PB0	TIM1_CH2N	TIM3_CH3	TIM8_CH2N	
PB1	TIM1_CH3N	TIM3_CH4	TIM8_CH3N	
PB3	TIM2_CH2			
PB4		TIM3_CH1		
PB5		TIM3_CH2		
PB6		TIM4_CH1		
PB7		TIM4_CH2		
PB8		TIM4_CH3	TIM10_CH1	
PB9		TIM4_CH4	TIM11_CH1	
PB10	TIM2_CH3			
PB11	TIM2_CH4			
PB12	TIM1_BKIN			
PB13	TIM1_CH1N			
PB14	TIM1_CH2N		TIM8_CH2N	TIM12_CH1
PB15	TIM1_CH3N		TIM8_CH3N	TIM12_CH2
PC6		TIM3_CH1	TIM8_CH1	
PC7		TIM3_CH2	TIM8_CH2	
PC8		TIM3_CH3	TIM8_CH3	
PC9		TIM3_CH4	TIM8_CH4	
PD2		TIM3_ETR		
PD12		TIM4_CH1		

（续）

引 脚	AF1 TIM1/2	AF2 TIM3/4/5	AF3 TIM8/9/10/11	AF9 TIM12/13/14
PD13		TIM4_CH2		
PD14		TIM4_CH3		
PD15		TIM4_CH4		
PE0		TIM4_ETR		
PE5			TIM9_CH1	
PE6			TIM9_CH2	
PE7	TIM1_ETR			
PE8	TIM1_CH1N			
PE9	TIM1_CH1			
PE10	TIM1_CH2N			
PE11	TIM1_CH2			
PE12	TIM1_CH3N			
PE13	TIM1_CH3			
PE14	TIM1_CH4			
PE15	TIM1_BKIN			
PF6	TIM10_CH1			
PF7	TIM11_CH1			
PF8				TIM13_CH1
PF9				TIM14_CH1
PH6				TIM12_CH1
PH9				TIM12_CH2
PH10		TIM5_CH1		
PH11		TIM5_CH2		
PH12		TIM5_CH3		
PH13			TIM8_CH1N	
PH14			TIM8_CH2N	
PH15			TIM8_CH3N	
PI0		TIM5_CH4		
PI2			TIM8_CH4	
PI3			TIM8_ETR	
PI4			TIM8_BKIN	
PI5			TIM8_CH1	
PI6			TIM8_CH2	
PI7			TIM8_CH3	

通过表 9-1 可知，STM32F407 定时器的捕获/比较通道非常多，能够复用的引脚也占总 GPIO 口引脚的大部分。

9.2.4 定时器下 PWM 的工作原理

PWM 输出框图如图 9-3 所示，其右下部分是 PWM 输出。

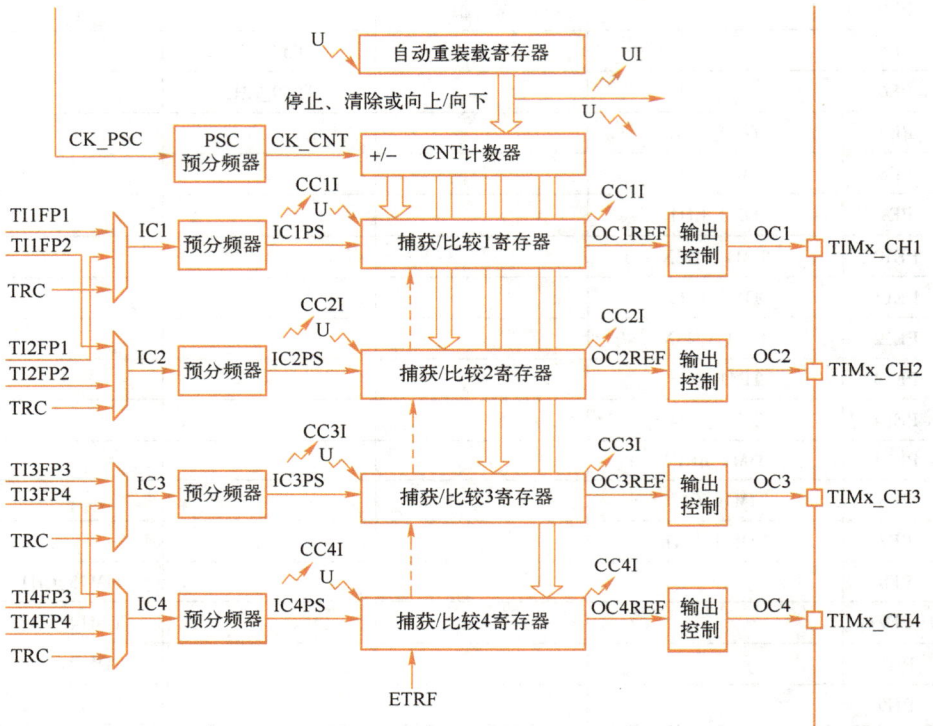

图 9-3 PWM 输出框图

下面以向上计数为例，简单地讲述 PWM 的工作原理。

在 PWM 输出模式下，除了 CNT（计数器当前值）、ARR（自动重装载值）之外，还多了一个值 CCRx（捕获/比较寄存器值）。

当 CNT<CCRx 时，TIMx_CHx 通道输出低电平；当 CNT≥CCRx 时，TIMx_CHx 通道输出高电平，如图 9-4 所示。

定时器下 PWM 模式就是产生一个由 TIMx_ARR 寄存器确定频率、由 TIMx_CCRx 寄存器确定占空比的信号。

9.2.5 PWM 通道概览

每一个捕获/比较通道都围绕着一个捕获/比较寄存器（包含影子寄存器），

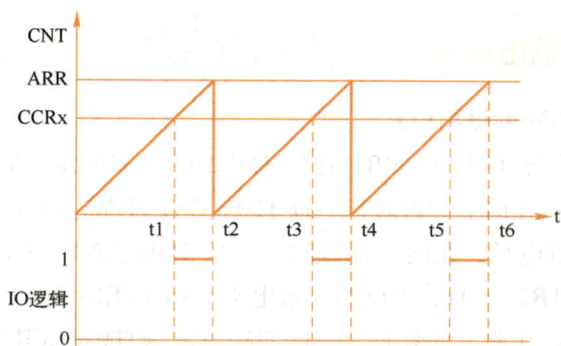

图 9-4　定时器计数和 PWM 输出的关系

包括捕获的输入部分（数字滤波、多路复用和预分频器）和输出部分（比较器和输出控制）。捕获/比较模块由一个预装载寄存器和一个影子寄存器组成。读写过程仅操作预装载寄存器。在捕获模式下，捕获发生在影子寄存器上，然后再复制到预装载寄存器中。在比较模式下，预装载寄存器的内容被复制到影子寄存器中，然后影子寄存器的内容和计数器进行比较。

在 LED 控制中 PWM 作用于电源部分，脉宽调制的脉冲频率通常大于 100 Hz，人眼就不会感到闪烁。

以通道 1 为例，捕获/比较通道的输出如图 9-5 所示。

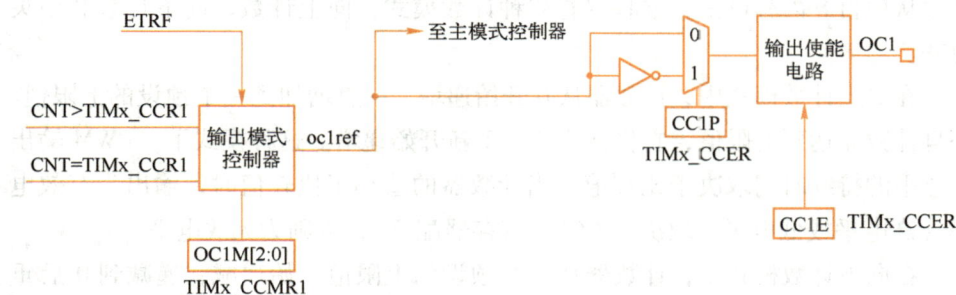

图 9-5　捕获/比较通道的输出部分（通道 1）

1）TIMx_CCR1 寄存器：捕获/比较值寄存器，用于设置比较值。

2）TIMx_CCMR1 寄存器：OC1M[2:0]位在 PWM 方式下，用于设置 PWM模式 1 或者 PWM 模式 2。

3）CC1P 位的 TIMx_CCER 寄存器：输入/捕获 1 输出极性。0 表示高电平有效，1 表示低电平有效。

4）CC1E 位的 TIMx_CCER 寄存器：输入/捕获 1 输出使能。0 表示关闭，1表示打开。

笔记

9.2.6　PWM 输出模式

（1）设置 PWM 的输出模式

通过设置寄存器 TIMx_CCMR1 的 OC1M[2:0]位来确定 PWM 的输出模式。

PWM 模式 1：在向上计数时，一旦 TIMx_CNT<TIMx_CCR1，通道 1 为有效电平，否则为无效电平；在向下计数时，一旦 TIMx_CNT>TIMx_CCR1，通道 1 为有效电平（OC1REF=0），否则为无效电平（OC1REF=1）。

PWM 模式 2：在向上计数时，一旦 TIMx_CNT<TIMx_CCR1，通道 1 为无效电平，否则为有效电平；在向下计数时，一旦 TIMx_CNT>TIMx_CCR1 时，通道 1 为无效电平，否则为有效电平。

> **注意**：PWM 的模式只是区别什么时候是有效电平，但并没有确定是高电平有效还是低电平有效。这需要结合 CCER 寄存器的 CCxP 位的值来确定。

若在 PWM 模式 1，且 CCER 寄存器的 CCxP 位为 0，则当 TIMx_CNT<TIMx_CCR1 时，输出高电平；同样的，若在 PWM 模式 1，且 CCER 寄存器的 CCxP 位为 1，则当 TIMx_CNT<TIMx_CCR1 时，输出低电平。

（2）定时器计数模式对 PWM 输出模式的影响

从项目 8 内容可知，定时器有三种计数模式：向上计数、向下计数和中央对齐。

在向上计数模式中，计数器从 0 开始递增，一直增加到一个预设的上限值。一旦计数器达到上限值，它将被清零并重新开始递增。这种模式下，PWM 输出高电平的持续时间取决于比较值，当计数器的值小于比较值时，输出为有效电平（高电平或低电平，取决于 CCER 寄存器配置），否则为无效电平。

在向下计数模式中，计数器从一个预设的上限值开始递减，递减到 0 后重新从上限值开始递减。一旦计数器达到 0，它将被重新加载为上限值并重新开始递减。这种模式下，PWM 输出高电平的持续时间也取决于比较值。与向上计数模式相反，当计数器的值大于比较值时，输出为有效电平，否则为无效电平。

中心对齐模式是一种特殊的计数模式，它将 PWM 信号的周期分为上升和下降两个阶段。计数器从 0 开始递增，一直增加到一个预设的上限值，然后从上限值减少到 0。这就导致输出的有效电平和无效电平时间会相等，因此，在中心对齐模式下，高电平的持续时间取决于计数器上限的一半。

9.2.7　自动加载的预加载寄存器

在 TIMx_CCMRx 寄存器中的 OCxM 位写入"110"（PWM 模式 1）或"111"

（PWM 模式 2），能够独立地设置每个 OCx 输出通道产生一路 PWM。必须设置 TIMx_CCMRx 寄存器 OCxPE 位以使能相应的预装载寄存器，最后还要设置 TIMx_CR1 寄存器的 ARPE 位，（在向上计数或中心对称模式中）使能自动重装载的预装载寄存器。

在 TIMx_CRx 寄存器的 ARPE 位，决定着是否使能自动重装载的预加载寄存器。

9.3　项目实施

9.3.1　项目实施流程

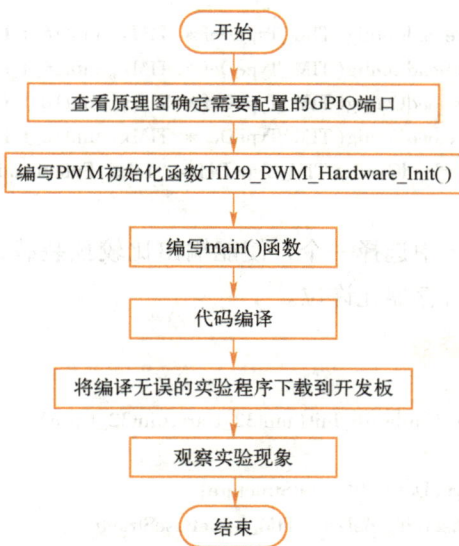

```
开始
  ↓
查看原理图确定需要配置的GPIO端口
  ↓
编写PWM初始化函数TIM9_PWM_Hardware_Init()
  ↓
编写main()函数
  ↓
代码编译
  ↓
将编译无误的实验程序下载到开发板
  ↓
观察实验现象
  ↓
结束
```

9.3.2　识读原理图

查看原理图确定需要配置的 GPIO 端口，如表 9-2 所示。

表 9-2　开发板上的硬件连接

定时器通道	引　脚	硬　件
TIM9_CH1	GPIOE5	LED3

该硬件线路在开发板内部已连接完毕，实验时无须额外接线。

笔记 ### 9.3.3 程序编写

1. 输出初始化函数（每个函数对应 1 个通道）

```
1.    void TIM_OC1Init(TIM_TypeDef * TIMx, TIM_OCInitTypeDef * TIM_OCInitStruct);
2.    void TIM_OC2Init(TIM_TypeDef * TIMx, TIM_OCInitTypeDef * TIM_OCInitStruct);
3.    void TIM_OC3Init(TIM_TypeDef * TIMx, TIM_OCInitTypeDef * TIM_OCInitStruct);
4.    void TIM_OC4Init(TIM_TypeDef * TIMx, TIM_OCInitTypeDef * TIM_OCInitStruct);
```

作用：在四个通道中选择一个，初始化 PWM 输出模式、比较输出极性、比较输出使能、比较值 CCRx 的值。

2. 使能函数

```
1.    void TIM_OC1PreloadConfig(TIM_TypeDef * TIMx, uint16_t TIM_OCPreload);
2.    void TIM_OC2PreloadConfig(TIM_TypeDef * TIMx, uint16_t TIM_OCPreload);
3.    void TIM_OC3PreloadConfig(TIM_TypeDef * TIMx, uint16_t TIM_OCPreload);
4.    void TIM_OC4PreloadConfig(TIM_TypeDef * TIMx, uint16_t TIM_OCPreload);
5.    void TIM_ARRPreloadConfig(TIM_TypeDef * TIMx, FunctionalState NewState);
```

作用：在四个通道中选择一个，使能输出比较预装载，最后一个函数使能自动重装载的预装载寄存器允许位。

3. PWM 初始化函数

```
1.    void TIM9_PWM_Hardware_Init(uint32_t arr, uint32_t psc)
2.    {
3.        GPIO_InitTypeDef GPIO_InitStructure;
4.        TIM_TimeBaseInitTypeDef   TIM_TimeBaseStructure;
5.        TIM_OCInitTypeDef   TIM_OCInitStructure;
6.
7.        RCC_APB2PeriphClockCmd(RCC_APB2Periph_TIM9, ENABLE);
                                                          //TIM9 时钟使能
8.        RCC_AHB1PeriphClockCmd(RCC_AHB1Periph_GPIOE, ENABLE);
                                                          //使能 GPIOE 时钟
9.
10.       GPIO_PinAFConfig(GPIOE, GPIO_PinSource5, GPIO_AF_TIM9);
                                                          //GPIOE5 复用为定时器 9
11.
12.       GPIO_InitStructure.GPIO_Pin = GPIO_Pin_5;       //GPIOE5
13.       GPIO_InitStructure.GPIO_Mode = GPIO_Mode_AF;    //复用功能
14.       GPIO_InitStructure.GPIO_Speed = GPIO_Speed_100MHz;      //速度 100MHz
```

```
15.        GPIO_InitStructure. GPIO_OType = GPIO_OType_PP;        //推挽复用输出
16.        GPIO_InitStructure. GPIO_PuPd = GPIO_PuPd_UP;          //上拉
17.        GPIO_Init( GPIOE,&GPIO_InitStructure);                 //初始化 PE5
18.
19.        TIM_TimeBaseStructure. TIM_Prescaler = psc;            //定时器分频
20.        TIM_TimeBaseStructure. TIM_CounterMode = TIM_CounterMode_Up;
                                                                  //向上计数模式
21.        TIM_TimeBaseStructure. TIM_Period = arr;               //自动重装载值
22.        TIM_TimeBaseStructure. TIM_ClockDivision = TIM_CKD_DIV1;
23.
24.        TIM_TimeBaseInit( TIM9,&TIM_TimeBaseStructure);        //初始化定时器 9
25.
26.        //初始化 TIM9 Channel1 PWM 模式
27.        //选择定时器模式：TIM 脉冲宽度调制模式 1
28.        TIM_OCInitStructure. TIM_OCMode = TIM_OCMode_PWM1;
29.        TIM_OCInitStructure. TIM_OutputState = TIM_OutputState_Enable;//比较输出使能
30.        //输出极性：TIM 输出比较极性低
31.        TIM_OCInitStructure. TIM_OCPolarity = TIM_OCPolarity_Low;
32.        //根据 T 指定的参数初始化外设 TIM1 4OC1
33.        TIM_OC1Init( TIM9, &TIM_OCInitStructure);
34.        //使能 TIM9 在 CCR1 上的预装载寄存器
35.        TIM_OC1PreloadConfig( TIM9, TIM_OCPreload_Enable);
36.
37.        TIM_ARRPreloadConfig( TIM9,ENABLE);                    //ARPE 使能
38.
39.        TIM_Cmd( TIM9, ENABLE);                                //使能 TIM9
40.    }
```

4. 主函数

```
1.     int main( void)
2.     {
3.         uint8_t led0pwmval = 0;//LED0 占空比的值
4.         uint8_t dir = 1;
5.
6.         LED_Hardware_Init( );
7.         Delay_Init( );
8.         //84M/84 = 1 MHz 的计数频率，重装载值 100，所以 PWM 频率为 1M/100 = 10 kHz.
9.         TIM9_PWM_Hardware_Init(100 - 1,84 - 1);
10.
11.        while(1)
12.        {
13.            if( dir) led0pwmval++;        //dir = = 1 led0pwmval 递增
```

14.	**else** led0pwmval−−; //dir==0 led0pwmval 递减
15.	
16.	**if**(led0pwmval>100) dir=0; //led0pwmval 到达 300 后，方向为递减
17.	**if**(led0pwmval==0) dir=1; //led0pwmval 递减到 0 后，方向改为递增
18.	
19.	TIM_SetCompare1(TIM9,led0pwmval); //修改比较值，修改占空比
20.	Delay_ms(10);
21.	}
22.	}

9.3.4 功能测试

9.3.4 功能
测试

本项目通过设置开发板的 PWM 输出占空比来实现呼吸灯功能。呼吸灯是指灯光在亮和暗之间逐渐变化，类似于人的吸气（亮）和呼气（暗）过程。这种变化通常通过程序设计实现，通过调整亮和灭的时间比例，达到柔和的视觉效果。代码编译成功后（0 Error，0 Warning），使用 J-LINK 连接开发板和计算机，下载程序并复位查看，当结果与预期一致，则说明项目成功：D9 处 LED灯亮度逐渐增加再逐渐衰减，循环往复，产生呼吸灯效果。

9.4 项目总结

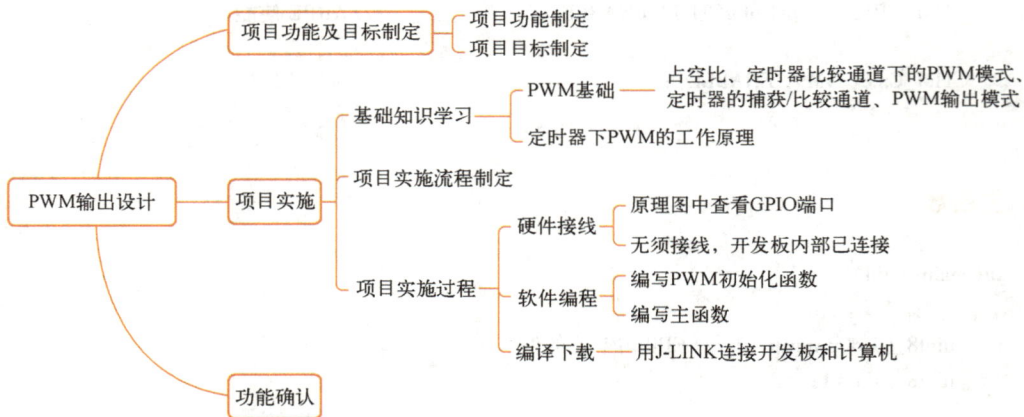

习题

1. 使用定时器 PWM 模式，输出多路不同占空比的 LED 灯，观察 LED 灯明亮程度。

2. 请简述定时器 PWM 如何控制灯的亮度。

3. 请简述 PWM 输出模式。

项目 10　输入捕获设计

输入捕获，顾名思义就是捕获输入信号。STM32 微控制器的输入捕获通道可以用来捕获外部事件，并为其赋予时间标记，以记录此事件的发生时刻。STM32F4 的定时器除了 TIM6 和 TIM7 外都有输入捕获功能。本章通过设置开发板的定时器输入捕获模式，在捕获输入接口没有输入时，串口间隔打印一定字符；在捕获接口有输入时，定时器每捕获一次下降沿，LED 灯闪烁一次，且串口打印捕获下降沿间隔时间。

10.1　项目目标

1）了解输入捕获工作原理，掌握 STM32 微控制器输入捕获的配置及使用方法。

2）能够编程实现定时器的输入捕获，并闪灯提示和串口打印捕获时间。

3）通过项目实践，具备创新思维和拓展能力，在掌握定时器基础知识的基础上进行创新和拓展。

了解 STM32 微控制器相关 GPIO 寄存器的配置方法，调用相关库函数配置 STM32 微控制器的相关定时器，实现输入捕获功能并打印显示。

10.2　项目基础知识

10.2.1　输入捕获工作原理

STM32 微控制器输入捕获外部事件时，外部事件发生的触发信号由单片机中对应的引脚输入，也可以通过模拟比较器单元来实现。时间标记可用来计算频率、占空比及信号的其他特征，也能为事件创建日志，主要是用来测量外部信号的频率。

STM32F4 的输入捕获简单理解就是通过检测 TIMx_CHx 上的边沿信号，在边沿信号发生跳变时，将当前定时器的值（TIMx_CNT）存放到对应通道的捕获/比较寄存器（TIMx_CCRx）里面，完成捕获。同时还可以配置捕获时是否触发中断/DMA 等。TIM5_CH1 的捕获/比较通道如图 10-1 所示。

10.2　项目基础知识

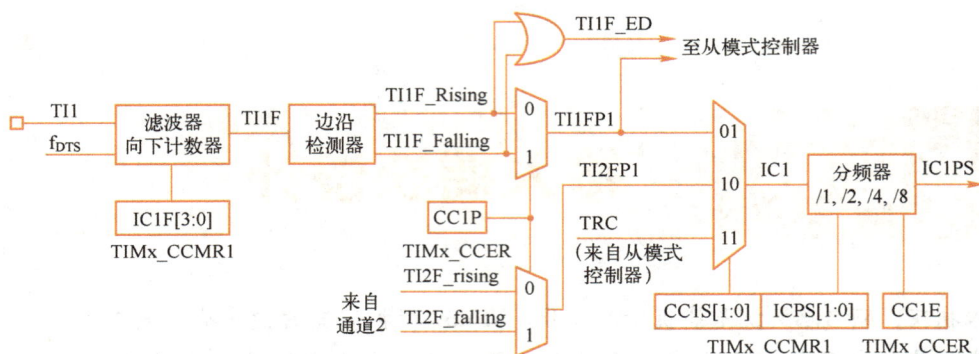

图 10-1　捕获/比较通道

1. 输入捕获通道

每一个捕获/比较通道都围绕着一个捕获/比较寄存器（包含影子寄存器），包括捕获的输入部分（数字滤波、多路复用和预分频器）和输出部分（比较器和输出控制）。

捕获/比较模块由一个预装载寄存器和一个影子寄存器组成。读写过程仅操作预装载寄存器。

在捕获模式下，捕获发生在影子寄存器上，然后复制到预装载寄存器中。

在比较模式下，预装载寄存器的内容被复制到影子寄存器中，然后影子寄存器的内容和计数器进行比较。

2. 输入捕获滤波器

输入捕获滤波器 IC1F[3:0]，这个用于设置采样频率和数字滤波器长度。其中：f_{CK_INT} 是定时器的输入频率，f_{DTS} 是根据 TIMx_CR1 的 CKD[1:0] 的设置来确定的。

数字滤波器由一个事件计数器组成，它记录到 N 个事件后会产生一个输出的跳变。也就是说连续 N 次采样，如果都是高电平，则说明这是一个有效的触发，就会进入输入捕捉中断（如果设置了的话）。这样就可以滤除那些高电平脉宽低于 N 个采样周期的脉冲信号，从而达到滤波的作用。

3. 输入捕获极性

此处设置捕捉事件是发生在上升沿还是下降沿时。如果存在不止一条通路的情况下，输入捕获映射关系如图 10-2 所示。

在 TIMx_CH1 和 TIMx_CH2 两条通道的情况下可以看出，除了 TIMx_CH1 捕捉到的信号可以连接到 IC1，TIMx_CH2 捕捉到的信号可以连接到 IC2 之外，TIMx_CH1 捕捉到的信号也可以连接到 IC2，TIMx_CH2 捕捉到的信号也可以连接到 IC1。一般情况下，TIMx_CH1 捕捉到的信号可以连接到 IC1，TIMx_CH2 捕捉到的信号可以连接到 IC2。

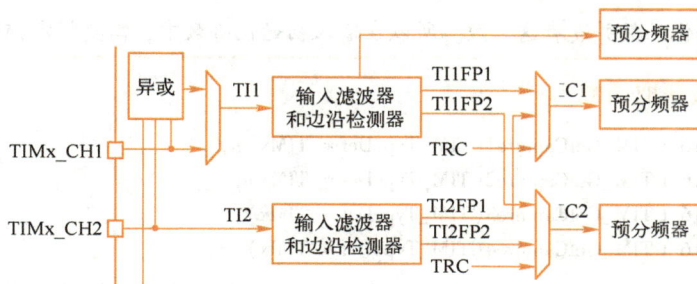

图 10-2　输入捕获映射关系

输入捕获测量高电平脉宽原理如图 10-3 所示，定时器工作在向上计数模式，图中 t1~t2 时间，就是需要测量的高电平时间。

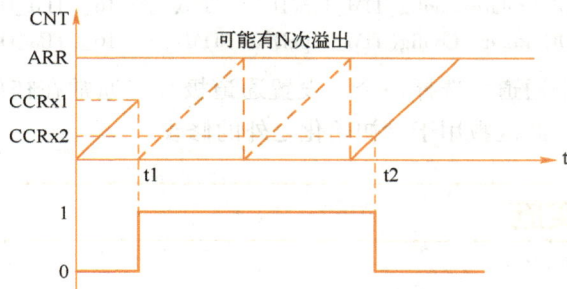

图 10-3　输入捕获测量高电平脉宽原理

测量方法如下：首先设置定时器通道 x 为上升沿捕获，这样，t1 时刻，就会捕获到当前的 CNT 值，然后立即清零 CNT，并设置通道 x 为下降沿捕获，到 t2 时刻，又会发生捕获事件，得到此时的 CNT 值，记为 CCRx2。因此，根据定时器的计数频率，就可以算出 t1~t2 的时间，从而得到高电平脉宽。

在 t1~t2 之间，可能产生 N 次定时器溢出，这就要求对定时器溢出做处理，防止高电平时间太长，导致数据不准确。如图 10-3 所示，t1~t2 之间，CNT 计数的次数为 N×ARR+CCRx2，有了这个计数次数，再乘以 CNT 的计数周期，即可得到 t2-t1 的时间长度，即高电平持续时间。

10.2.2　输入捕获相关库函数

1. 输入捕获通道初始化函数

1.　　**void** TIM_ICInit(TIM_TypeDef * TIMx, TIM_ICInitTypeDef * TIM_ICInitStruct);

作用：初始化捕获通道、滤波器、捕获极性、映射关系、分频系数等参数。

笔记

注意： 由于输出初始化函数将四个通道的函数分开各自定义了一个函数，而输入初始化函数并没有这么做。所以在输入初始化函数中，需要指定捕获通道。

2. 参数获取函数

1. uint16_t TIM_GetCapture1（TIM_TypeDef ∗ TIMx）；
2. uint16_t TIM_GetCapture2（TIM_TypeDef ∗ TIMx）；
3. uint16_t TIM_GetCapture3（TIM_TypeDef ∗ TIMx）；
4. uint16_t TIM_GetCapture4（TIM_TypeDef ∗ TIMx）；

作用：在四个通道中选择一个，确定上一次输入捕捉事件传输的计数值。

3. 参数设置函数

1. **void** TIM_OC1PolarityConfig（TIM_TypeDef ∗ TIMx，uint16_t TIM_OCPolarity）；
2. **void** TIM_OC2PolarityConfig（TIM_TypeDef ∗ TIMx，uint16_t TIM_OCPolarity）；
3. **void** TIM_OC3PolarityConfig（TIM_TypeDef ∗ TIMx，uint16_t TIM_OCPolarity）；
4. **void** TIM_OC4PolarityConfig（TIM_TypeDef ∗ TIMx，uint16_t TIM_OCPolarity）；

作用：在四个通道中选择一个，设置通道极性。通常在初始化函数中已经设置了通道极性，此函数用于除初始化之外的修改。

10.3 项目实施

10.3.1 项目实施流程

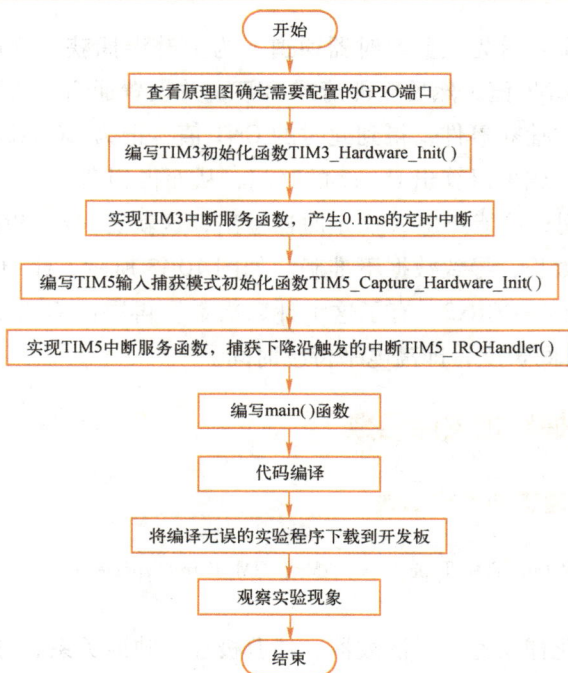

```
开始
↓
查看原理图确定需要配置的GPIO端口
↓
编写TIM3初始化函数TIM3_Hardware_Init()
↓
实现TIM3中断服务函数，产生0.1ms的定时中断
↓
编写TIM5输入捕获模式初始化函数TIM5_Capture_Hardware_Init()
↓
实现TIM5中断服务函数，捕获下降沿触发的中断TIM5_IRQHandler()
↓
编写main()函数
↓
代码编译
↓
将编译无误的实验程序下载到开发板
↓
观察实验现象
↓
结束
```

笔 记

10.3.2 识读原理图

查看原理图确定需要配置的 GPIO 端口，如表 10-1 所示。

表 10-1 开发板上的硬件连接

引　脚	引　脚
PG8	PA0
U1TX	USRX
U1RX	USTX

该硬件线路在开发板内部已连接完毕，实验时无须额外接线。

10.3.3 程序编写

1. TIM3 定时器初始化函数

```
1.      void TIM3_Hardware_Init(uint16_t arr,uint16_t psc)
2.      {
3.          TIM_TimeBaseInitTypeDef   TIM_TimeBaseInitStructure;
4.          NVIC_InitTypeDef   NVIC_InitStructure;
5.
6.          //开启时钟
7.          RCC_APB1PeriphClockCmd(RCC_APB1Periph_TIM3,ENABLE);
8.
9.          //自动重装载值
10.         TIM_TimeBaseInitStructure.TIM_Period = arr;
11.         //定时器分频系数
12.         TIM_TimeBaseInitStructure.TIM_Prescaler=psc;
13.         //向上计数模式
14.         TIM_TimeBaseInitStructure.TIM_CounterMode=TIM_CounterMode_Up;
15.         //时钟分频因子
16.         TIM_TimeBaseInitStructure.TIM_ClockDivision=TIM_CKD_DIV1;
17.         //初始化配置
18.         TIM_TimeBaseInit(TIM3,&TIM_TimeBaseInitStructure);
19.         //允许定时器3更新中断
20.         TIM_ITConfig(TIM3,TIM_IT_Update,ENABLE);
21.         //使能定时器3
22.         TIM_Cmd(TIM3,ENABLE);
23.
24.         //选择中断通道
25.         NVIC_InitStructure.NVIC_IRQChannel=TIM3_IRQn;
26.         //设置先占优先级
```

笔 记

27.	NVIC_InitStructure. NVIC_IRQChannelPreemptionPriority = 0x00；
28.	//设置从优先级
29.	NVIC_InitStructure. NVIC_IRQChannelSubPriority = 0x07；
30.	//设置中断通道开启
31.	NVIC_InitStructure. NVIC_IRQChannelCmd = ENABLE；
32.	//初始化配置中断优先级
33.	NVIC_Init(&NVIC_InitStructure)；
34.	
35.	}

2. TIM3 中断服务函数

1.	**void** TIM3_IRQHandler(**void**)
2.	{
3.	//判断定时器是否溢出中断
4.	**if**(TIM_GetITStatus(TIM3，TIM_IT_Update) = = SET)
5.	{
6.	//记录中断次数，根据中断次数控制时间间隔完成不同功能
7.	tim3_count++；
8.	tim5_count++；
9.	//记数清零
10.	**if**(tim3_count = = 500)
11.	{
12.	tim3_count = 0；
13.	OUT_TOGGLE( )；
14.	}
15.	}
16.	//清除定时器 3 中断标志位
17.	TIM_ClearITPendingBit(TIM3，TIM_IT_Update)；
18.	}

当 TIM3 中断服务函数变量 tim3_count 的值等于 500 时，函数 OUT_TOGGLE( ) 控制电平反转，tim3_count 清零，tim5_count 将在 TIM5 中断服务函数中引用和清零。

3. TIM5 输入捕获模式初始化函数

1.	**void** TIM5_Capture_Hardware_Init(uint16_t arr，uint16_t psc)
2.	{
3.	GPIO_InitTypeDef GPIO_InitStructure；
4.	TIM_TimeBaseInitTypeDef TIM_TimeBaseStructure；
5.	TIM_ICInitTypeDef TIM5_ICInitStructure；
6.	NVIC_InitTypeDef NVIC_InitStructure；

```
7.
8.          //使能 TIM5 时钟
9.          RCC_APB1PeriphClockCmd(RCC_APB1Periph_TIM5, ENABLE);
10.         //使能 GPIOA 时钟
11.         RCC_AHB1PeriphClockCmd(RCC_AHB1Periph_GPIOA, ENABLE);
12.         RCC_AHB1PeriphClockCmd(RCC_AHB1Periph_GPIOG, ENABLE);
13.
14.         //PA0 初始化
15.         //选择端口
16.         GPIO_InitStructure.GPIO_Pin   = GPIO_Pin_0;
17.         //复用模式
18.         GPIO_InitStructure.GPIO_Mode = GPIO_Mode_AF;
19.         //内部下拉
20.         GPIO_InitStructure.GPIO_PuPd = GPIO_PuPd_DOWN;
21.         //初始化配置
22.         GPIO_Init(GPIOA, &GPIO_InitStructure);
23.
24.         //PG0 初始化
25.         //选择端口
26.         GPIO_InitStructure.GPIO_Pin   = GPIO_Pin_8;
27.         //复用模式
28.         GPIO_InitStructure.GPIO_Mode = GPIO_Mode_OUT;
29.         //内部下拉
30.         GPIO_InitStructure.GPIO_OType = GPIO_OType_PP;
31.         //推挽输出
32.         GPIO_InitStructure.GPIO_Speed = GPIO_Speed_100MHz;   //100 MHz
33.         //初始化配置
34.         GPIO_Init(GPIOG, &GPIO_InitStructure);
35.
36.         //引脚复用
37.         GPIO_PinAFConfig(GPIOA,GPIO_PinSource0,GPIO_AF_TIM5);
38.
39.         //初始化定时器5，即 TIM5
40.         //设定计数器自动重装值
41.         TIM_TimeBaseStructure.TIM_Period = arr;
42.         //定时器分频系数
43.         TIM_TimeBaseStructure.TIM_Prescaler =psc;
44.         //向上计数模式
45.         TIM_TimeBaseStructure.TIM_CounterMode = TIM_CounterMode_Up;
46.         //时钟分频因子
47.         TIM_TimeBaseStructure.TIM_ClockDivision = TIM_CKD_DIV1;
48.         //初始化配置
49.         TIM_TimeBaseInit(TIM5, &TIM_TimeBaseStructure);
```

50.	
51.	//初始化 TIM5 输入捕获参数
52.	//定时器输入通道
53.	TIM5_ICInitStructure. TIM_Channel = TIM_Channel_1;
54.	//下降沿捕获
55.	TIM5_ICInitStructure. TIM_ICPolarity = TIM_ICPolarity_Falling;
56.	//映射到 TI1 上
57.	TIM5_ICInitStructure. TIM_ICSelection = TIM_ICSelection_DirectTI;
58.	//配置输入分频, 不分频
59.	TIM5_ICInitStructure. TIM_ICPrescaler = TIM_ICPSC_DIV1;
60.	//IC1F=0000 配置输入滤波器, 不滤波
61.	TIM5_ICInitStructure. TIM_ICFilter = 0x00;
62.	//初始化配置
63.	TIM_ICInit(TIM5, &TIM5_ICInitStructure);
64.	
65.	//中断分组初始化
66.	//选择中断通道
67.	NVIC_InitStructure. NVIC_IRQChannel = TIM5_IRQn;
68.	//设置先占优先级
69.	NVIC_InitStructure. NVIC_IRQChannelPreemptionPriority = 0;
70.	//设置从优先级
71.	NVIC_InitStructure. NVIC_IRQChannelSubPriority = 6;
72.	//设置中断通道开启
73.	NVIC_InitStructure. NVIC_IRQChannelCmd = ENABLE;
74.	//初始化配置中断优先级
75.	NVIC_Init(&NVIC_InitStructure);
76.	
77.	//允许更新中断, 允许 CC1IE 捕获中断
78.	TIM_ITConfig(TIM5,TIM_IT_CC1,ENABLE);
79.	//使能定时器 5
80.	TIM_Cmd(TIM5,ENABLE);
81.	//计数值清零
82.	tim5_count=0;
83.	}

4. TIM5 输入捕获中断服务函数

1.	**void** TIM5_IRQHandler(**void**)
2.	{
3.	//捕获 1 发生捕获事件
4.	**if** (TIM_GetITStatus(TIM5, TIM_IT_CC1) ! = RESET)
5.	{
6.	//将采集到的数据赋予数组, 等待主程序打印

```
7.          sprintf(show,"time：%d ms\n",tim5_count/10);
8.          //计数值清零
9.          tim5_count=0;
10.         //LED 状态翻转表示采集到了数据
11.         LED3_TOGGLE();
12.     }
13.     //清除中断标志位
14.     TIM_ClearITPendingBit(TIM5, TIM_IT_CC1);
15.
16. }
```

当捕获到脉冲信号下降沿时触发中断，此时将 tim5_count/10 存放至 show，等待主程序处理。

5. 主函数

```
1.  int main(void)
2.  {
3.      //使用中断,配置优先级组别 0
4.      NVIC_PriorityGroupConfig(NVIC_PriorityGroup_0);
5.      Delay_Init();
        //延时初始化
6.      USART1_Hardware_Init(115200);  //串口初始化
7.      LED_Hardware_Init();
        //LED 初始化
8.      TIM3_Hardware_Init(100,84-1);  //定时器 3 初始化中断的时间长度为 0.1 ms
9.      TIM5_Capture_Hardware_Init(0xffff-1,84-1);  //设置输入捕获通道
10.     /************************************************
11.     分频系数为 84，即计数速度为 1us/次，计数/重装值为 0xffff 是因为输入捕获的
        时间计算是由定时器 3 完成，到了计数值会自动清除中断标志位，不影响采集信号
12.
13.     ************************************************/
14.     while(1)
15.     {
16.         //打印捕获的时间间隔
17.         USART1_Send_String(show);
18.         LED0_TOGGLE();
19.         //延时
20.         Delay_ms(500);
21.     }
22. }
```

10.3.4 功能测试

代码编译成功后（0 Error，0 Warning），使用 J-LINK 连接开发板和计算机，用串口数据线连接开发板和计算机，如图 10-4 所示，再用杜邦线把 PG8（图 10-4 左侧端口）和 PA0（图 10-4 右侧端口）短接起来，下载程序并复位查看，当数据的发送和接收与预期一致且 LED 灯闪烁，则说明项目成功：如图 10-5 所示，捕获输入接口没有接输入时，串口每 500 ms 打印一次"Please Select Input"；捕获接口接输入，定时器 5 每捕获一次下降沿，核心板上的 LED 灯 D9 就闪烁一次，串口每 500 ms 打印一次捕获下降沿间隔时间。

图 10-4　杜邦线接线图

图 10-5　程序运行结果

根据实验代码，捕获接口是 PA0，可以用杜邦线把 PA0 和 PWM 输出实验的输出通道 PE5 连接起来，查看 PWM 输出实验中设置的 PWM 输出高低电平是如何变化的。

10.4　项目总结

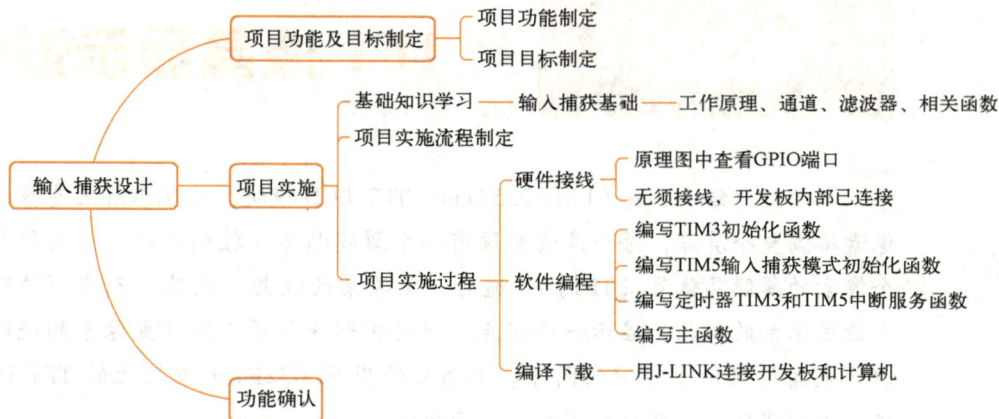

习题

1. 依据输入捕获实验，捕获其他定时器 PWM 模式下输出的脉冲信号。
2. 请描述输入捕获的工作原理。
3. 输入捕获初始化函数中定义了几个结构体变量？其作用是什么？

项目 11　　TFT 液晶显示设计

本项目介绍 3.5 in（1 in = 2.54 cm）TFT LCD 模块，其显示屏上有很多液晶像素排满整个屏幕，每个像素都设有一个薄膜晶体管控制亮暗，当电信号使某个像素的薄膜晶体管（TFT）导通时，该像素的液晶方向改变而变得透明，背光透过像素的液晶而显示一个亮点。通过控制液晶屏不同位置像素的亮暗，可以让液晶屏显示出不同的图像。本项目使用 STM32F4 开发板上的 TFT LCD 面板，编程实现彩色字符和图片的显示功能。

11.1　项目目标

1）了解驱动 LCD 显示终端模块的读写时序，学习使用指令控制 LCD 显示。

2）编程实现 LCD 屏幕的字符和图片显示。

3）通过项目设计提升学习兴趣，提高学习自驱力。

了解 STM32 微控制器相关 GPIO 寄存器的配置方法，调用标准库函数使 STM32 微控制器驱动 LCD 显示终端模块，实现显示"小青蛙"字符和图片。

11.2　项目基础知识

11.2　项目
基础知识

11.2.1　TFT 液晶显示终端

1. TFT-LCD

薄膜晶体管液晶显示器（Thin Film Transistor-Liquid Crystal Display，TFT-LCD）与无源 TN-LCD、STN-LCD 的简单矩阵不同，它在液晶显示屏的每一个像素上都设置有一个薄膜晶体管（TFT），可有效地克服非选通时的串扰，使显示液晶屏的静态特性与扫描线数无关，因此大大提高了图像质量。TFT-LCD 也被叫作真彩液晶显示器。

（1）TFT-LCD 模块特点

1）共有 2.4 in、2.8 in、3.5 in、4.3 in、7 in 五种大小的屏幕可选。

2）320×240 像素的分辨率（3.5 in 的分辨率为 320×480 像素，4.3 in 的和 7 in 的分辨率为 800×480 像素）。

3）16 位真彩显示。

4）自带触摸屏，可以作为控制输入。

本次实验中所使用的是 3.5 in（其他 2.8 in、4.3 in 等 LCD 方法类似）的 TFT LCD 模块，该模块支持 65K 色显示，显示分辨率为 320×480 像素，接口为 16 位的 80 并口，自带触摸屏。

（2）LCD 模块的信号线

LCD 模块采用 16 位的并口方式与外部连接，不采用 8 位的方式是因为彩屏的数据量比较大，尤其在显示图片的时候，如果用 8 位数据线，就会比 16 位方式慢一倍以上，当然速度越快越好，所以选择 16 位的接口。

该模块的 80 并口有如下一些信号线。

- CS：TFT LCD 片选信号。
- WR：向 TFT LCD 写入数据。
- RD：从 TFT LCD 读取数据。
- D[15:0]：16 位双向数据线。
- RST：硬复位 TFTLCD。
- RS：命令/数据标志（0，读写命令；1，读写数据）。

2. ILI9486L

开发板使用的是 3.5 in TFTLCD 模块，使用的驱动芯片为 ILI9486L。

ILI9486L 支持并行 CPU 8/9/16/18 位数据总线接口和 3/4 线串行外设接口（SPI）。ILI9486L 还兼容用于视频图像显示的 RGB（16/18 位）数据总线。

ILI9486L 可以在 1.65 V I/O 接口电压下工作，并支持宽模拟电源范围。ILI9486L 还支持 8 种颜色和睡眠模式显示功能，可通过软件实现精确的功率控制，这些功能使 ILI9486L 成为中小型便携式产品（如数字蜂窝电话、智能手机等）的理想 LCD 驱动器。

ILI9486L 提供的部分单片机系统接口如表 11-1 所示，其中，8080 系列并行接口是一组并行数据接口，根据 IM[2:0] 引脚的设置，可以配置为不同的数据宽度，见表中前 4 行；3/4 线串行接口见表中第 6 行和第 8 行；其余两种配置是禁止的。

表 11-1　系统接口

IM2	IM1	IM0	接　　口	数据引脚
0	0	0	8080 18 位并行接口	DB[17:0]

（续）

笔记

IM2	IM1	IM0	接　　口	数据引脚
0	0	1	8080 9 位并行接口	DB[8:0]
0	1	0	8080 16 位并行接口	DB[15:0]
0	1	1	8080 8 位并行接口	DB[7:0]
1	0	0	禁止的	-
1	0	1	3 线串行接口	SDA
1	1	0	禁止的	
1	1	1	4 线并行接口	SDA

　　ILI9486L 具有 16 位索引寄存器（IR），18 位写数据寄存器（WDR）和 18 位读数据寄存器（RDR）。IR 是用于存储来自控制寄存器和内部 GRAM 的索引信息的寄存器。WDR 是临时存储要写入控制寄存器和内部 GRAM 的数据的寄存器。RDR 是临时存储从 GRAM 读取的数据的寄存器。要写入内部 GRAM 的 MPU 数据首先写入 WDR，然后在内部操作中自动写入内部 GRAM。数据通过 RDR 从内部 GRAM 读取。因此，当 ILI9486L 从内部 GRAM 读取第一个数据时，无效数据被读出到数据总线。ILI9486L 执行第二次读操作后，读出有效数据。

11.2.2　TFT 液晶显示终端驱动电路

1. TFT 液晶屏模块原理

　　图 11-1 是 3.5 in TFT 液晶屏模块原理图。CS 端口为低电平有效的使能端，使能后才能对显示模块读写指令、数据；RS 端口为指令、数据选择端，低电平时写入指令，高电平时读写数据；WR 端口为写入控制端，WR 端口收到上升沿信号时完成写指令、数据；RD 端口为读取使能端，RD 端口收到上升沿信号时能读取数据；BL 端口为背光控制端。

　　完成 TFT 液晶显示终端的写控制需要五步。

1）CS 端给低电平。

2）RS 端给低电平。

3）控制数据总线写入八位的指令。

4）RD 端给高电平。

5）WR 端给一个上升沿信号完成写指令的操作。

　　同理，根据表 11-2 也能完成对应的读写数据功能。

LCD接口

TFTLCD1 / TFT_LCD

FSMC_NE4	1	LCD_CS	RS	2	FSMC_A6
FSMC_NWE	3	WR/CLK	RD	4	FSMC_NOE
LCD_RESET	5	RST	D0	6	FSMC_D0
FSMC_D1	7	D1	D2	8	FSMC_D2
FSMC_D3	9	D3	D4	10	FSMC_D4
FSMC_D5	11	D5	D6	12	FSMC_D6
FSMC_D7	13	D7	D8	14	FSMC_D8
FSMC_D9	15	D9	D10	16	FSMC_D10
FSMC_D11	17	D11	D12	18	FSMC_D12
FSMC_D13	19	D13	D14	20	FSMC_D14
FSMC_D15	21	D15	GND	22	GND
LCD_BL	23	BL	VDD3.3	24	+3.3V
+3.3V	25	VDD3.3	GND	26	GND
GND	27	GND	BL_VDD	28	
T_MISO	29	MISO	MOSI	30	T_MOSI
T_PEN	31	T_PEN	MO	32	
T_CS	33	T_CS	CLK	34	T_SCK

GND　C8 104　R18　0R+5V　C9 104　GND

SPI3_AF

FSMC_NE4	PG12
FSMC_A6	PF12
FSMC_NWE	PD5
FSMC_NOE	PD4
LCD_RESET	PB2
FSMC_D0	PD14
FSMC_D1	PD15
FSMC_D2	PD0
FSMC_D3	PD1
FSMC_D4	PE7
FSMC_D5	PE8
FSMC_D6	PE9
FSMC_D7	PE10
FSMC_D8	PE11
FSMC_D9	PE12
FSMC_D10	PE13
FSMC_D11	PE14
FSMC_D12	PE15
FSMC_D13	PD8
FSMC_D14	PD9
FSMC_D15	PD10
LCD_BL	PB0
T_CS	PC9
T_SCK	PC10
T_MISO	PC11
T_MOSI	PC12
T_PEN	PC8

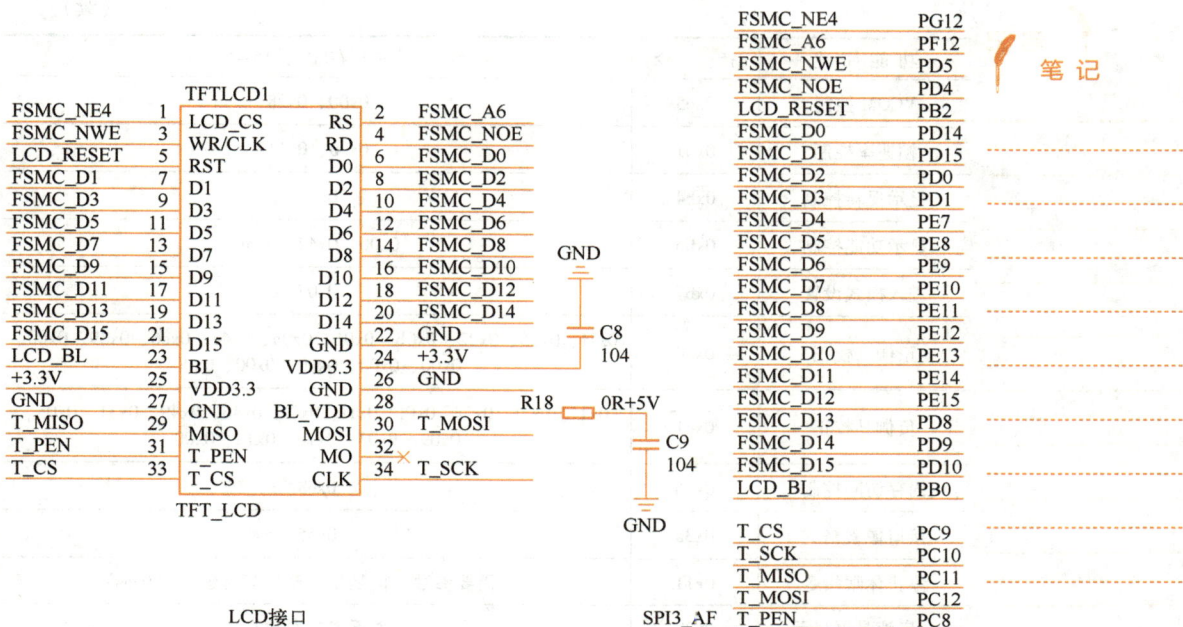

图 11-1　3.5 in TFT 液晶屏模块原理图

表 11-2　并行 I/O 口控制表

读写控制端口					操作功能
CS	RS	数据	RD	WR	
"L"	"L"	8 位	"H"	"⌐"	写指令
"L"	"H"	8 位/16 位	"⌐"	"H"	读参数/数据
"L"	"H"	8 位/16 位	"H"	"⌐"	写参数/数据

2. TFT 液晶屏模块初始化指令

了解时序后需要学会根据指令表对 3.5 in TFT 液晶显示终端模块的控制芯片写指令和参数。第一步是初始化，先拉低 RST 端口等待 100 ms 复位，再输入一系列的初始化指令，如表 11-3 所示。表中每一个功能都需要先输入一个指令，再输入若干个参数。

表 11-3　常用初始化指令表

功能简述	指　令	从左到右输入的参数
电源控制 1	0xc0	0x19、0x1a
电源控制 2	0xc1	0x45、0x00
电源控制 3	0xc2	0x33

（续）

功 能 简 述	指　　令	从左到右输入的参数
VCOM 控制	0xc5	0x00、0x28
帧速率控制	0xb1	0xa0、0x11
显示反转控制	0xb4	0x02
显示功能控制	0xb6	0x00、0x42、0x3b
进入模式设置	0xb7	0x07
正伽马校正	0xe0	0x1f、0x25、0x22、0x0b、0x06、0x0a、0x4e、0xc6、0x39、0x00、0x00、0x00、0x00、0x00、0x00
负伽马校正	0xe1	0x1f、0x3f、0x3f、0x0f、0x1f、0x0f、0x46、0x49、0x31、0x05、0x09、0x03、0x1c、0x1a、0x00
内存访问控制	0x36	0xc8
接口像素格式	0x3a	0x55
停止休眠指令	0x11	（不需要参数，但是需要至少等待延时 120 ms）
开启液晶屏显示	0x29	（不需要参数）

部分指令与模块的硬件参数匹配，可根据不同需求翻阅手册修改初始化指令。

3. 在 TFT 液晶屏上绘图

输入完成初始化指令并点亮背光，完成初始化后屏幕呈现出全屏的白色界面。然后就可以在屏幕上绘图，绘图需要两个步骤。

1）设置绘图范围。

2）连续输入颜色信息，并在指定范围内完成绘图。

设置绘图范围其实就是设置光标移动范围。这个功能需要设置 0x2a，0x2b 两个寄存器，这两个寄存器可以分别用于设置横向和纵向两个方向上的光标移动范围。其中 SC[15:8] 与 SC[7:0] 可以组合成一个 16 位数值，最小值为 0x0000。输入 SC[15:0] 的值可以设置光标横向移动的起始地址。EC[15:0] 设置光标横向移动的结束地址，SP[15:0] 设置光标纵向移动的起始地址，EP[15:0] 设置光标是纵向移动的结束地址。参考图 11-2 和图 11-3 完成设置光标的移动范围。要求先输入指令再依次输入对应的八位的参数。

可这样理解：在光标处写入颜色后光标都会自动后移一个位置等待下次写入。而上图两个寄存器则是控制了光标的移动范围，当光标后移的位置超出了设置的范围会自动跳往设置中下一行的起始位置或者第一行的起始位置。设置光标移动范围时要求横向和纵向的结束地址的值需要恒大于对应起始地址的值，否则会导致输入的颜色数据无效或者产生花屏。

2Ah													CASET
	D/CX	RDX	WRX	D[15:8]	D7	D6	D5	D4	D3	D2	D1	D0	HEX
指令	0	1	↑	XXXXXXXX	0	0	1	0	1	0	1	0	2Ah
参数1	1	1	↑	XXXXXXXX				SC[15:8]					XX
参数2	1	1	↑	XXXXXXXX				SC[7:0]					XX
参数3	1	1	↑	XXXXXXXX				EC[15:8]					XX
参数4	1	1	↑	XXXXXXXX				EC[7:0]					XX

图 11-2 设置 X 轴方向上的光标范围

2Bh													PASET
	D/CX	RDX	WRX	D[15:8]	D7	D6	D5	D4	D3	D2	D1	D0	HEX
指令	0	1	↑	XXXXXXXX	0	0	1	0	1	0	1	1	2Bh
参数1	1	1	↑	XXXXXXXX				SP[15:8]					XX
参数2	1	1	↑	XXXXXXXX				SP[7:0]					XX
参数3	1	1	↑	XXXXXXXX				EP[15:8]					XX
参数4	1	1	↑	XXXXXXXX				EP[7:0]					XX

图 11-3 设置 Y 轴方向上的光标范围

设置完成绘图范围后可以填充颜色。如图 11-4 所示，输入 0x2c 指令后可以通过连续输入 16 位的颜色值完成在指定范围内的光标移动处多次写入颜色值，最终达到绘图的效果。其中，写入的数值并不是实时显示的而是存储在显示终端的内存中，再由定时刷新屏幕的方式将内存中的数据显示在屏幕上。

2Ch													RAMWR(Memory Write)
	D/CX	RDX	WRX	D[15:8]	D7	D6	D5	D4	D3	D2	D1	D0	HEX
Command	0	1	↑	XXXXXXXX	0	0	1	0	1	1	0	0	2Ch
1stParameter	1	1	↑					D1[15:0]					XX
⋮	1	1	↑					Dx[15:0]					XX
NthParameter	1	1	↑					Dn[15:0]					XX

图 11-4 输入颜色指令

以"画绿色方块"为例：需要在坐标（0,0）到坐标（9,9）间绘制一个 10×10 大小的绿色方块。先使用指令 0x2a、0x2b 设置 0x0000 的横向起始地址、0x0009 的横向结束地址、0x0000 的纵向起始地址、0x0009 的纵向结束地址，然后再使用指令 0x2c 连续输入 100 个绿色值就能完成绘制一个绿色方块。

16 位颜色值的组成如图 11-5 所示，由 5 位红色值、6 位绿色值、5 位蓝色值组成。显示时红色和蓝色的第六位都是由第一位补充得到的。

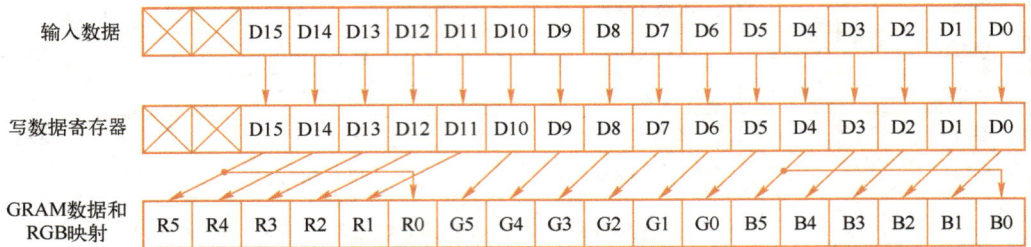

图 11-5　16 位颜色信息图

在现实中会使用 0~255 描述一个 RGB 值，一共使用到 24 位数据。而在显示终端中设置的颜色值长度为 16 位，所以需要将 24 位中红色的后三位、绿色的后两位、蓝色的后三位舍去。计算后可以得到对应的 16 位颜色值，如红色 0xf800，绿色 0x07e0，蓝色 0x001f，白色 0xffff，黑色 0x0000。

在了解完上述原理后，可知：先设置 32×32 像素大小的光标范围，再连续填入 1024 个 16 位颜色值就能完成在屏幕上绘制一个 32×32 大小的文字。同理，任意大小的文字、字符、图形、图片都可以使用这种方法显示在屏幕上。

11.2.3　文字和图片取模

1. 取模方法和工具

实际开发过程中，需要用到文字和图片对应的二进制数时，不需要手动计算，学习者可下载专用的取模软件完成取模过程。

文字或图片取模后，将得到的二进制数直接复制到对应代码处即可。

2. 字符存放位置（font. h 头文件）

文字取模后的二进制数存放在 font. h 头文件中，具体位置请查找相应数组。以"小青蛙（32×32）"为例，取模后存放在数组：

```
const typFNT_GB32 tfont32[ ] = {};
```

3. 图片存放位置（pic. h 头文件）

图片取模后的二进制数存放在 pic. h 头文件中，具体位置请查找此数组：

```
const unsigned char gImage_xiaoqingwa[80000] = {};
```

11.3　项目实施

11.3.1　项目实施流程

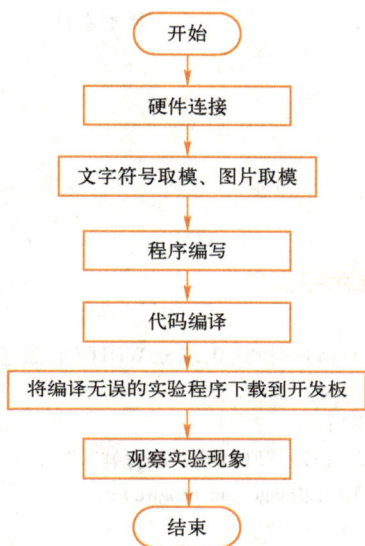

```
开始
  ↓
硬件连接
  ↓
文字符号取模、图片取模
  ↓
程序编写
  ↓
代码编译
  ↓
将编译无误的实验程序下载到开发板
  ↓
观察实验现象
  ↓
结束
```

　　硬件连接通过开发板和 LCD 屏之间的接插件实现，实验时确保接插件已插紧即可。

11.3.2　程序编写

1. 编程思路

程序流程图如图 11-6 所示。

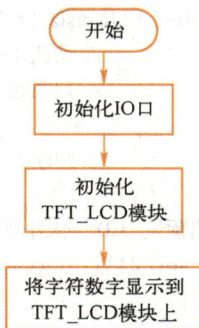

```
开始
  ↓
初始化IO口
  ↓
初始化
TFT_LCD模块
  ↓
将字符数字显示到
TFT_LCD模块上
```

图 11-6　程序流程图

笔 记

2. 主函数

```
1.    int main(void)
2.    {
3.        Delay_Init();                    //延时函数初始化
4.        ILI9486_Init();                  //液晶显示初始化
5.        GUI_Main_Test();                 //显示素材
6.        while(1)
7.        {
8.            ;
9.        }
10.   }
```

3. 显示素材函数（显示字图）

```
1.    void GUI_Main_Test(void)//模式 0,填充 WHITE 背景色
2.    {
3.        ILI9486_Clear(WHITE);
4.        GUI_Show_Str(0+120,50,RED,YELLOW,"小青蛙",32,0);   //显示字符串
5.        GUI_Drawbmp16(70,100,gImage_xiaoqingwa);          //显示图片，图片存放
                                                            //数组 gImage_xiaoqingwa
6.    }
```

4. 字符串显示函数（字符或者中文）

```
1.    void GUI_Show_Str(uint16_t x, uint16_t y, uint16_t fc, uint16_t bc, char * str,uint8_t
size,uint8_t mode)
2.    {
3.        uint16_t x0 = x;
4.        uint8_t bHz = 0;                 //字符或者中文，首先默认是字符
5.        if(size!=12&&size!=16&&size!=24&&size!=32)
6.            size=16;                     //默认 1608
7.        while( * str!=0)                 //判断是否为结束符
8.        {
9.            if(!bHz)                     //判断是否为字符
10.           {
11.               //如果显示字符超出预设 LCD 屏大小则退出，即超出屏幕部分的字符不显示
12.               if(x>(lcddev. width-size/2)||y>(lcddev. height-size))
13.               {
14.                   //显示靠前
15.                   x=0;
16.                   //显示换行
```

```
17.                    y+=size;
18.                }
19.            if((uint8_t)*str>0x80)    //对显示的字符检查,判断是否为中文
20.                bHz=1;               //判断为中文,则跳过显示字符改为显示中文
21.            else                     //确定为字符
22.            {
23.                if(*str==0x0D)       //判断是换行符号
24.                {
25.                    y+=size;         //下一个显示的坐标换行
26.                    x=x0;            //显示靠前
27.                    str++;           //准备下一个字符
28.                }
29.                else                 //判断不是换行符
30.                {
31.                    //显示对应尺寸字符
32.                    GUI_ShowChar(x,y,fc,bc,*str,size,mode);
33.                    //显示完后,将起始显示横坐标向右移动,为下一次显示做准备
34.                    x+=size/2;
35.                }
36.                //显示地址自增,准备下一个字符
37.                str++;
38.            }
39.        }
40.        else                         //判断是中文
41.        {
42.            //如果显示的中文超出预设LCD屏大小,则换行显示
43.            if(x>(lcddev.width-size)||y>(lcddev.height-size))
44.            {
45.                x = 0;
46.                y += size;
47.            }
48.            bHz=0;                    //改为默认字符,用于下次字符判断
49.            if(size==32)             //判断是否为32×32大小的中文
50.                //显示32×32大小的中文
51.                GUI_DrawFont32(x,y,fc,bc,str,mode);
52.            else if(size==24)        //判断是否为24×24大小的中文
53.                //显示24×24大小的中文
54.                GUI_DrawFont24(x,y,fc,bc,str,mode);
55.            else if(size==16)        //否则为16×16大小的中文
56.                //显示16×16大小的中文
57.                GUI_DrawFont16(x,y,fc,bc,str,mode);
58.            //由于显示为中文,需要自增两个地址
59.            str+=2;
```

笔 记

笔记

```
60.              //显示完后，右移起始显示横坐标准备下次显示
61.              x+=size;
62.          }
63.      }
64.  }
```

5. 单个中文显示函数（32×32 中文字体）

```
1.   void GUI_DrawFont32(uint16_t x, uint16_t y, uint16_t fc, uint16_t bc, char * s,uint8_t
mode)
2.   {
3.       uint8_t i0 = 0, i1 = 0 , j = 0;
4.       uint16_t k = 0;
5.       uint16_t HZnum = 0;
6.
7.       //自动统计汉字数目
8.       HZnum=sizeof(tfont32)/sizeof(typFNT_GB32);
9.
10.      //循环寻找匹配的 Index[2]成员值
11.      for (k=0;k<HZnum;k++)
12.      {
13.          //对应成员值匹配
14.          if((tfont32[k].Index[0]==*(s))&&(tfont32[k].Index[1]==*(s+1)))
15.          {
16.              //为 32×32 中文字体设置窗口
17.              ILI9486_SetWindows(x,y,x+32-1,y+32-1);
18.              //x 方向循环执行写 32 行，逐行式输入
19.              for(i0=0;i0<32;i0++)
20.              {
21.                  //每行写入四字节，自左到右
22.                  for(i1=0;i1<4;i1++)
23.                  //每字节输入八个像素，高位在前
24.                  for(j=0;j<8;j++)
25.                  {
26.                      //填充模式
27.                      if(!mode)
28.                      {
29.                          //判断字节有效位，从最高位到最低位
30.                          if(tfont32[k].Msk[i0*4+i1]&(0x80>>j))
31.                              //有效则涂字体颜色
32.                              ILI9486_DrawPoint_16Bit(fc);
33.                          else
34.                              //无效则涂背景色
```

```
35.                              ILI9486_DrawPoint_16Bit(bc);
36.                          }
37.                      else
38.                          {
39.                          //判断字节有效位,从最高位到最低位
40.                          if(tfont32[k].Msk[i0*4+i1]&(0x30>>j))
41.                              //位有效则选对应坐标点涂字体颜色
42.                              GUI_DrawPoint(x+i1*8+j,y+i0,fc);
43.                          }
44.                      }
45.                  }
46.              //查找到对应点阵关键字完成绘字后,立即break退出for循环,防止多个汉字
                  //重复取模显示
47.              break;
48.              }
49.          }
50.      ILI9486_SetWindows(0,0,lcddev.width-1,lcddev.height-1);//恢复窗口为全屏
51.      }
```

6. 图片显示函数 (200×200 像素)

```
1.       void GUI_Drawbmp16(uint16_t x,uint16_t y,const uint8_t *p)
2.       {
3.          uint16_t i = 0;
4.       uint8_t picH = 0,picL = 0;
5.       //窗口设置起始为x,y,长宽都为40
6.       ILI9486_SetWindows(x,y,x+200-1,y+200-1);
7.       //循环赋值
8.       for(i=0;i<200*200;i++)
9.          {
10.          picL= *(p+i*2);              //数据低位在前
11.          picH= *(p+i*2+1);            //数据高位在后
12.          //高低位合并循环先自左到右,再从上到下画点
13.          ILI9486_DrawPoint_16Bit(picH<<8|picL);
14.          }
15.      //恢复显示窗口为全屏
16.      ILI9486_SetWindows(0,0,lcddev.width-1,lcddev.height-1);
17.      }
```

11.3.3　功能测试

代码编译成功后 (0 Error,0 Warning),使用 J-LINK 连接开发板和计算机,

下载程序并复位查看，当结果与预期一致，则说明项目成功：通过设置开发板的 GPIO 驱动 LCD 显示终端，LCD 显示终端背景为白色，在屏幕中间显示黄底红色字样"小青蛙"以及"小青蛙"图片，如图 11-7 所示。

图 11-7　程序运行结果

11.4　项目总结

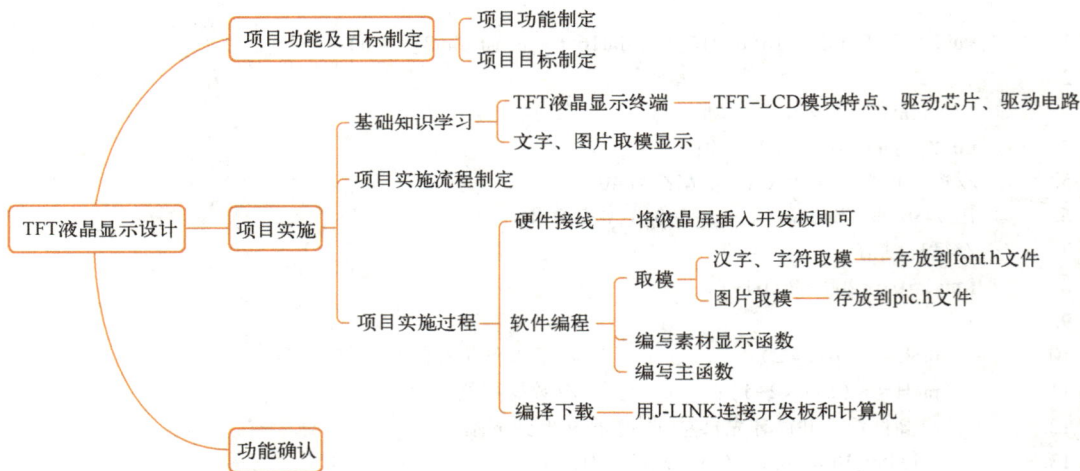

习题

1. 根据硬件原理，编写一个可以显示自己名字的函数。
2. 根据个人爱好，编写一个可以显示图片的函数。
3. 简要描述如何将图片或者文字转化为二进制码。

项目 12　RTC 实时时钟设计

本项目将介绍 STM32F407 的内部 RTC，使用 LCD 模块来显示日期和时间，实现一个简单的 RTC，并可以设置闹铃。通过设置开发板的 RTC 定时器，获取实时时间、日期数据并通过 LCD 显示终端显示出来。

12.1　项目目标

1）了解 RTC 实时时钟工作原理，掌握 RTC 实时时钟配置过程。

2）能编程实现 RTC 实时时钟，获取实时时间、日期数据并通过 LCD 显示终端显示出来。

3）将所学知识和实际生活相结合，通过项目实践，养成创新思维。

了解 STM32 微控制器相关 RTC 寄存器的配置方法，调用相关库函数配置 STM32 微控制器 RTC，获取实时时间、日期。

12.2　项目基础知识

12.2　项目
基础知识

12.2.1　实时时钟简介

实时时钟（Real Time Clock，RTC）主要包含日历、闹钟和自动唤醒这三部分的功能，其中的日历功能使用的最多。日历包含两个 32 位的时间寄存器，可直接输出时分秒，星期、月、日、年。比起 STM32F103 系列的 RTC 只能输出秒中断，剩下的其他时间需要软件来实现，STM32F407 的 RTC 可谓是脱胎换骨，在软件编程时大大降低了难度。

12.2.2　STM32F407 中 RTC 功能

RTC 原理框架如图 12-1 所示。

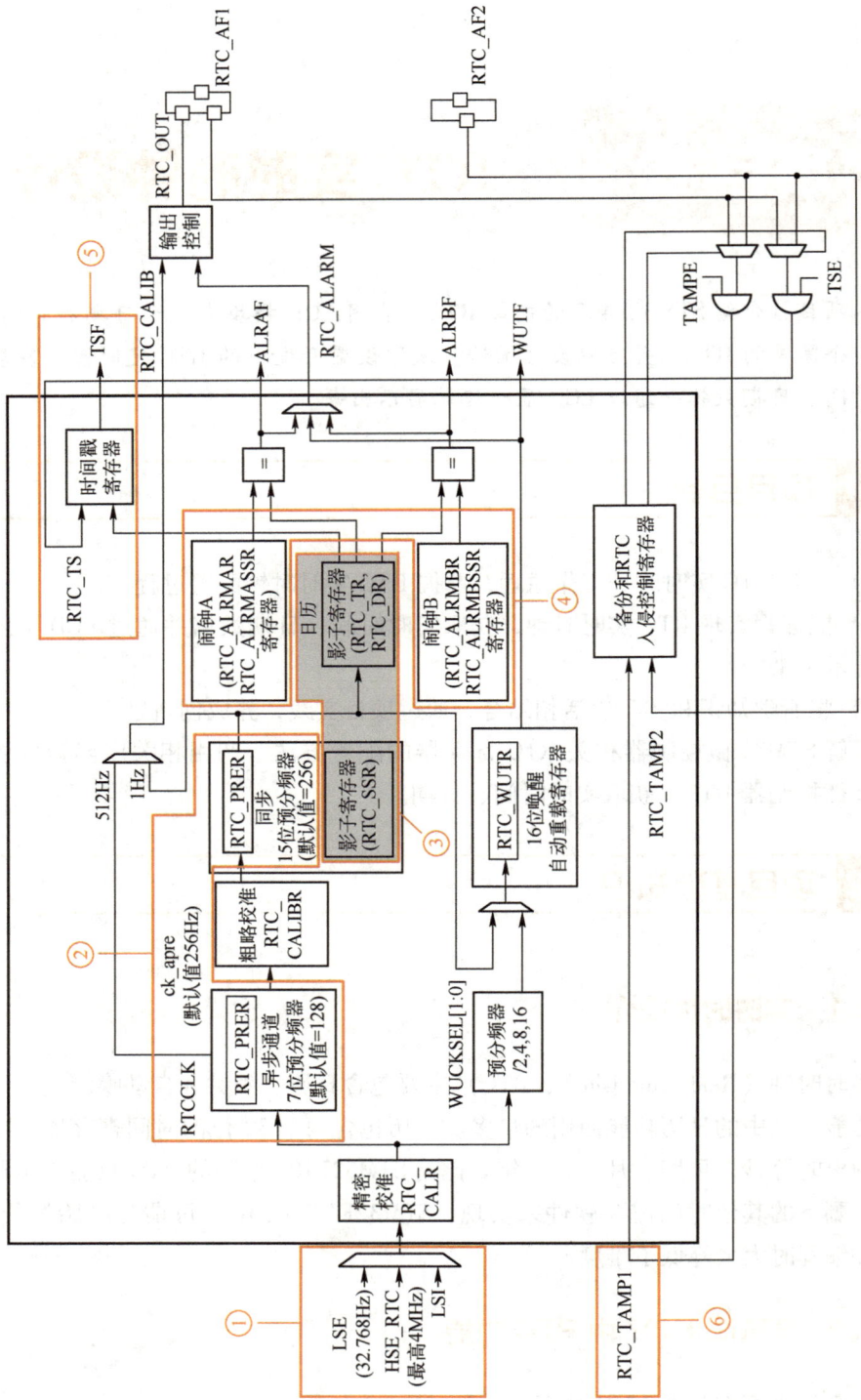

图 12-1 RTC 原理框架

1. 时钟源

RTC 时钟源（RTCCLK）可以从 LSE、LSI 和 HSE_RTC 这三者中得到。其中使用最多的是 LSE，LSE 由一个外部的 32.768 kHz（6PF 负载）的晶振提供，精度高，稳定，RTC 首选。LSI 是芯片内部的 30 kHz 晶体，精度较低，会有温漂，一般不建议使用。HSE_RTC 由 HSE 分频得到，最高是 4 M，使用的也较少。

2. 预分频器

预分频器 PRER 由 7 位的异步预分频器 APRE 和 15 位的同步预分频器 SPRE 组成。异步预分频器时钟 CK_APRE 用于为二进制 RTC_SSR 亚秒递减计数器提供时钟，同步预分频器时钟 CK_SPRE 用于更新日历。异步预分频器时钟 $f_{CK\_APRE} = f_{RTC\_CLK}/(PREDIV\_A+1)$，同步预分频器时钟 $f_{CK\_SPRE} = f_{RTC\_CLK}/(PREDIV\_S+1)$。使用两个预分频器时，推荐将异步预分频器配置为较高的值，以最大程度降低功耗。一般我们会使用 LSE 生成 1 Hz 的同步预分频器时钟。通常的情况下，会选择 LSE 作为 RTC 的时钟源，即 $f_{RTCCLK} = f_{LSE} = 32.768$ kHz。然后经过预分频器 PRER 分频生成 1 Hz 的时钟用于更新日历。使用两个预分频器分频的时候，为了最大程度的降低功耗，我们一般把同步预分频器设置成较大的值，为了生成 1 Hz 的同步预分频器时钟 CK_SPRE，最常用的配置是 PREDIV_A = 127，PREDIV_S = 255。计算公式为

$$f_{CK\_SPRE} = f_{RTCCLK}/\{(PREDIV\_A+1) \times (PREDIV\_S+1)\}$$
$$= 32.768/\{(127+1) \times (255+1)\} = 1 Hz$$

3. 实时时钟和日历

实时时钟一般表示为：时/分/秒/亚秒，其中时分秒可直接从 RTC 时间寄存器（RTC_TR）中读取，有关时间寄存器的说明具体见图 12-2 和表 12-1。

31	30	29	28	27	26	25	24	23	22	21	20	19	18	17	16
寄存器									PM	HT[1:0]		HU[3:0]			
									rw	rw	rw	rw	rw	rw	rw

15	14	13	12	11	10	9	8	7	6	5	4	3	2	1	0
寄存器	MNT[2:0]			MNU[3:0]				寄存器	ST[2:0]			SU[3:0]			
	rw	rw	rw	rw	rw	rw	rw		rw	rw	rw	rw	rw	rw	rw

图 12-2   RTC 时间寄存器（RTC_TR）

表 12-1   时间寄存器位功能表

位 名 称	位 说 明
PM	AM/PM 符号，0:AM/24 小时制，1:PM
HT[1:0]	小时的十位

（续）

位 名 称	位 说 明
HU[3:0]	小时的个位
MNT[2:0]	分钟的十位
MNU[3:0]	分钟的个位
ST[2:0]	秒的十位
SU[3:0]	秒的个位

RTC 亚秒寄存器（RTC_SSR）如图 12-3 所示。亚秒由 RTC 亚秒寄存器的值计算得到，公式为

$$亚秒值=(PREDIV\_S-SS[15:0])/(PREDIV\_S+1)$$

SS[15:0]是同步预分频器计数器的值，PREDIV_S 是同步预分频器的值。

图 12-3　RTC 亚秒寄存器（RTC_SSR）

RTC 日期寄存器（RTC_DR）如图 12-4 所示，日期寄存器位功能说明见表 12-2。日期包含的年月日可直接从 RTC 日期寄存器（RTC_DR）中读取。

图 12-4　RTC 日期寄存器（RTC_DR）

表 12-2　日期寄存器位功能说明

位 名 称	位 说 明
YT[3:0]	年份的十位
YU[3:0]	年份的个位
WDU[2:0]	星期几的个位，000：禁止，001：星期一，…，111：星期日
MT	月份的十位

（续）

位　名　称	位　说　明
MU[3:0]	月份的个位
DT[1:0]	日期的十位
DU[3:0]	·　日期的个位

当应用程序读取日历寄存器时，默认是读取影子寄存器的内容，每隔两个 RTCCLK 周期，便将当前日历值复制到影子寄存器。也可以通过将 RTC_CR 寄存器的 BYPSHAD 控制位置 1 来直接访问日历寄存器，这样可避免等待同步的持续时间。

RTC_CLK 经过预分频器后，有一个 512 Hz 的 CK_APRE 和 1 个 1 Hz 的 CK_SPRE，这两个时钟可以成为校准的时钟输出 RTC_CALIB，RTC_CALIB 最终要输出则需映射到 RTC_AF1 引脚，即 PC13 输出，用来对外部提供时钟。

4. 闹钟

RTC 有两个闹钟：闹钟 A 和闹钟 B，当 RTC 运行的时间跟预设的闹钟时间相同的时候，相应的标志位 ALRAF（在 RTC_ISR 寄存器中）和 ALRBF 会置 1。利用这个闹钟可以设置备忘提醒功能。

如果使能了闹钟输出（由 RTC_CR 的 OSEL[0:1] 位控制），则 ALRAF 和 ALRBF 会连接到闹钟输出引脚 RTC_ALARM，RTC_ALARM 最终连接到 RTC 的外部引脚 RTC_AF1（即 PC13），输出的极性由 RTC_CR 寄存器的 POL 位配置，可以是高电平或者低电平。

5. 时间戳

时间戳即时间点的意思，就是某一个时刻的时间。时间戳复用功能（RTC_TS）可映射到 RTC_AF1 或 RTC_AF2，当发生外部的入侵事件时，即发生时间戳事件时，RTC_ISR 寄存器中的时间戳标志位（TSF）将置 1，日历会保存到时间戳寄存器（RTC_TSSSR、RTC_TSTR 和 RTC_TSDR）中。时间戳是一种在计算机系统中记录特定事件发生时间的机制，可以记录任何需要时间标记的事件，例如危急时刻的时间。

6. 入侵检测

RTC 自带两个入侵检测引脚 RTC_AF1（PC13）和 RTC_AF2（PI8，PI8 只有在 176 pin 引脚的型号中才有），这两个输入即可配置为边沿检测，也可配置为带过滤的电平检测。当发生入侵检测时，备份寄存器将被复位。备份寄存器（RTC_BKPxR）包括 20 个 32 位寄存器，用于存储 80 字节的用户应用数据。这

笔记

些寄存器在备份域中实现，可在 VDD 电源关闭时通过 VBAT 保持上电状态。备份寄存器不会在系统复位或电源复位时复位，也不会在器件从待机模式唤醒时复位。

12.2.3 相关库函数

在实时时钟项目开发过程中，通常会用到两个核心函数来确保时间的准确性：RTC 时钟设置函数用于调整和同步当前时间，而 RTC 日期设置函数则用来设定正确的日期信息。这两个函数是确保 RTC 模块正常运行并提供准确时间服务的基础。

1. RTC 时钟设置函数

```
1.    ErrorStatus RTC_Set_Time(uint8_t hour,uint8_t min,uint8_t sec,uint8_t ampm)
2.    {
3.        RTC_TimeTypeDef RTC_TimeTypeInitStructure;
4.        //设置小时
5.        RTC_TimeTypeInitStructure.RTC_Hours=hour;
6.        //设置分钟
7.        RTC_TimeTypeInitStructure.RTC_Minutes=min;
8.        //设置秒钟
9.        RTC_TimeTypeInitStructure.RTC_Seconds=sec;
10.       //设置时间模式
11.       RTC_TimeTypeInitStructure.RTC_H12=ampm;
12.       //初始化时钟
13.       return RTC_SetTime(RTC_Format_BIN,&RTC_TimeTypeInitStructure);
14.   }
```

2. RTC 日期设置函数

```
1.    ErrorStatus RTC_Set_Date(uint8_t year,uint8_t month,uint8_t date,uint8_t week)
2.    {
3.        RTC_DateTypeDef RTC_DateTypeInitStructure;
4.        //设置日
5.        RTC_DateTypeInitStructure.RTC_Date=date;
6.        //设置月份
7.        RTC_DateTypeInitStructure.RTC_Month=month;
8.        //设置星期
9.        RTC_DateTypeInitStructure.RTC_WeekDay=week;
10.       //设置年份
11.       RTC_DateTypeInitStructure.RTC_Year=year;
12.       //初始化日期
```

```
13.          return RTC_SetDate( RTC_Format_BIN ,&RTC_DateTypeInitStructure) ;
14.     }
```

12.3 项目实施

12.3.1 项目实施流程

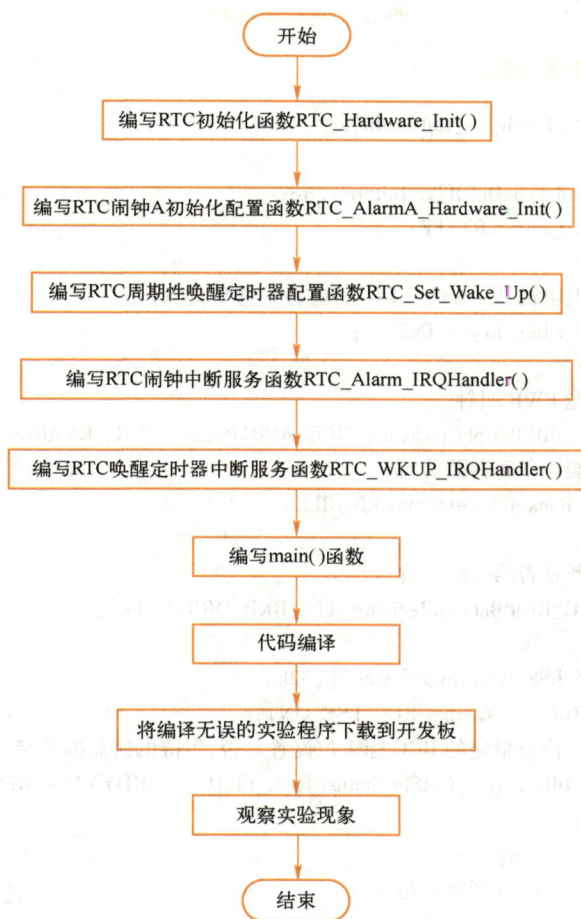

```
                        开始
                          │
        编写RTC初始化函数RTC_Hardware_Init( )
                          │
   编写RTC闹钟A初始化配置函数RTC_AlarmA_Hardware_Init( )
                          │
    编写RTC周期性唤醒定时器配置函数RTC_Set_Wake_Up( )
                          │
     编写RTC闹钟中断服务函数RTC_Alarm_IRQHandler( )
                          │
  编写RTC唤醒定时器中断服务函数RTC_WKUP_IRQHandler( )
                          │
                   编写main( )函数
                          │
                      代码编译
                          │
         将编译无误的实验程序下载到开发板
                          │
                    观察实验现象
                          │
                       结束
```

12.3.2 程序编写

程序流程图如图 12-5 所示。

笔记

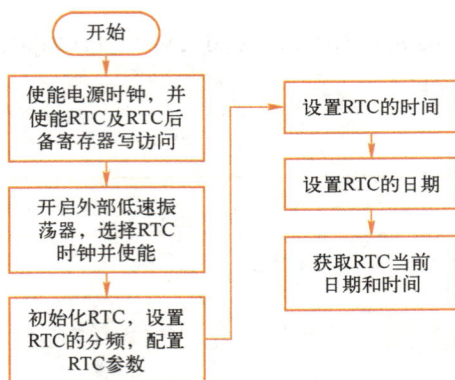

图 12-5　程序流程图

1. RTC 初始化函数

1.	uint8_t RTC_Hardware_Init(**void**)
2.	{
3.	RTC_InitTypeDef RTC_InitStructure;
4.	uint16_t retry = 0XFFF;
5.	
6.	//加上电池后，修改日期，需要将变量 bkp_key 改写
7.	uint16_t bkp_key = 0x2345;
8.	
9.	//使能 PWR 时钟
10.	RCC_APB1PeriphClockCmd(RCC_APB1Periph_PWR, ENABLE);
11.	//使能后备寄存器访问
12.	PWR_BackupAccessCmd(ENABLE);
13.	
14.	//判断是否第一次配置
15.	**if**(RTC_ReadBackupRegister(RTC_BKP_DR0)!=bkp_key)
16.	{
17.	//LSE 开启外部低速时钟(32k)
18.	RCC_LSEConfig(RCC_LSE_ON);
19.	//检查指定的 RCC 标志位设置与否，等待低速晶振就绪
20.	**while** (RCC_GetFlagStatus(RCC_FLAG_LSERDY) == RESET)
21.	{
22.	retry--;
23.	//判断是否超时
24.	**if**(retry == 0)
25.	//LSE 开启失败,返回 1
26.	**return** 1;
27.	//延时
28.	Delay_ms(1);
29.	}
30.	//设置 RTC 时钟(RTCCLK),选择 LSE 作为 RTC 时钟

31.	RCC_RTCCLKConfig(RCC_RTCCLKSource_LSE) ;
32.	//RTC 时钟使能
33.	RCC_RTCCLKCmd(ENABLE) ;
34.	
35.	//RTC 异步分频系数(1~0X7F)
36.	RTC_InitStructure. RTC_AsynchPrediv = 0x7F;
37.	//RTC 同步分频系数(0~7FFF)
38.	RTC_InitStructure. RTC_SynchPrediv = 0xFF;
39.	//RTC 设置为 24 小时格式
40.	RTC_InitStructure. RTC_HourFormat = RTC_HourFormat_24;
41.	//初始化配置
42.	RTC_Init(&RTC_InitStructure) ;
43.	//RTC 时钟设置
44.	RTC_Set_Time(23,58,14,RTC_H12_AM) ;
45.	//RTC 日期设置
46.	RTC_Set_Date(18,12,31,1) ;
47.	
48.	//后备寄存器标记已经初始化过了
49.	RTC_WriteBackupRegister(RTC_BKP_DR0,bkp_key) ;
50.	}
51.	//初始化完成，返回 0
52.	**return** 0;
53.	}

2. RTC 闹钟 A 初始化配置函数

1.	**void** RTC_AlarmA_Hardware_Init(uint8_t weekordate, uint8_t hour, uint8_t min, uint8_t sec, uint8_t weekordate_mode, uint32_t RTC_alarmmask)
2.	{
3.	EXTI_InitTypeDef　　EXTI_InitStructure;
4.	RTC_AlarmTypeDef　　RTC_AlarmTypeInitStructure;
5.	RTC_TimeTypeDef　　RTC_TimeTypeInitStructure;
6.	NVIC_InitTypeDef　　NVIC_InitStructure;
7.	
8.	//关闭闹钟 A
9.	RTC_AlarmCmd(RTC_Alarm_A, DISABLE) ;
10.	//设置闹钟小时
11.	RTC_TimeTypeInitStructure. RTC_Hours = hour;
12.	//设置闹钟分钟
13.	RTC_TimeTypeInitStructure. RTC_Minutes = min;
14.	//设置闹钟秒钟
15.	RTC_TimeTypeInitStructure. RTC_Seconds = sec;
16.	//设置时间模式
17.	RTC_TimeTypeInitStructure. RTC_H12 = RTC_H12_AM;

```
18.        //设置日期(1~31)或星期(1~7)
19.        RTC_AlarmTypeInitStructure. RTC_AlarmDateWeekDay = weekordate;
20.        //设置闹钟根据日期还是星期
21.        RTC_AlarmTypeInitStructure. RTC_AlarmDateWeekDaySel = weekordate_mode;
22.        //设置日期/星期, 小时, 分钟, 秒钟的掩码
23.        RTC_AlarmTypeInitStructure. RTC_AlarmMask = RTC_alarmmask;
24.        //配置闹钟时间
25.        RTC_AlarmTypeInitStructure. RTC_AlarmTime = RTC_TimeTypeInitStructure;
26.        //闹钟初始化配置
27.        RTC_SetAlarm(RTC_Format_BIN, RTC_Alarm_A, &RTC_AlarmTypeInitStructure);
28.
29.        //清除 RTC 闹钟 A 的标志
30.        RTC_ClearITPendingBit(RTC_IT_ALRA);
31.        //清除 LINE17 上的中断标志位
32.        EXTI_ClearITPendingBit(EXTI_Line17);
33.
34.        //开启闹钟 A 中断
35.        RTC_ITConfig(RTC_IT_ALRA, ENABLE);
36.        //使能闹钟 A
37.        RTC_AlarmCmd(RTC_Alarm_A, ENABLE);
38.
39.        //中断线选择
40.        EXTI_InitStructure. EXTI_Line = EXTI_Line17;
41.        //中断触发
42.        EXTI_InitStructure. EXTI_Mode = EXTI_Mode_Interrupt;
43.        //上升沿触发
44.        EXTI_InitStructure. EXTI_Trigger = EXTI_Trigger_Rising;
45.        //中断线使能
46.        EXTI_InitStructure. EXTI_LineCmd = ENABLE;
47.        //初始化配置
48.        EXTI_Init(&EXTI_InitStructure);
49.
50.        //选择中断通道
51.        NVIC_InitStructure. NVIC_IRQChannel = RTC_Alarm_IRQn;
52.        //设置先占优先级
53.        NVIC_InitStructure. NVIC_IRQChannelPreemptionPriority = 0x00;
54.        //设置从优先级
55.        NVIC_InitStructure. NVIC_IRQChannelSubPriority = 0x0d;
56.        //设置中断通道开启
57.        NVIC_InitStructure. NVIC_IRQChannelCmd = ENABLE;
58.        //初始化配置中断优先级
59.        NVIC_Init(&NVIC_InitStructure);
60.    }
```

3. RTC 周期性唤醒定时器配置函数

笔记

```
1.      void RTC_Set_Wake_Up(uint32_t wksel,uint16_t cnt)
2.      {
3.          EXTI_InitTypeDef      EXTI_InitStructure;
4.          NVIC_InitTypeDef      NVIC_InitStructure;
5.
6.          //关闭 WAKE UP
7.          RTC_WakeUpCmd(DISABLE);
8.          //唤醒时钟配置
9.          RTC_WakeUpClockConfig(wksel);
10.         //设置自动重装载寄存器
11.         RTC_SetWakeUpCounter(cnt);
12.
13.         //清除 RTC WAKE UP 的标志
14.         RTC_ClearITPendingBit(RTC_IT_WUT);
15.         //清除 LINE22 上的中断标志位
16.         EXTI_ClearITPendingBit(EXTI_Line22);
17.         //开启 WAKE UP 定时器中断
18.         RTC_ITConfig(RTC_IT_WUT,ENABLE);
19.         //开启 WAKE UP 定时器
20.         RTC_WakeUpCmd(ENABLE);
21.
22.         //中断线选择
23.         EXTI_InitStructure.EXTI_Line = EXTI_Line22;
24.         //中断触发
25.         EXTI_InitStructure.EXTI_Mode = EXTI_Mode_Interrupt;
26.         //上升沿触发
27.         EXTI_InitStructure.EXTI_Trigger = EXTI_Trigger_Rising;
28.         //中断线使能
29.         EXTI_InitStructure.EXTI_LineCmd = ENABLE;
30.         //初始化配置
31.         EXTI_Init(&EXTI_InitStructure);
32.
33.         //选择中断通道
34.         NVIC_InitStructure.NVIC_IRQChannel = RTC_WKUP_IRQn;
35.         //设置先占优先级
36.         NVIC_InitStructure.NVIC_IRQChannelPreemptionPriority = 0x00;
37.         //设置从优先级
38.         NVIC_InitStructure.NVIC_IRQChannelSubPriority = 0x0e;
39.         //设置中断通道开启
40.         NVIC_InitStructure.NVIC_IRQChannelCmd = ENABLE;
41.         //初始化配置中断优先级
```

```
42.        NVIC_Init(&NVIC_InitStructure);
43.    }
```

4. RTC 闹钟中断服务函数

```
1.    void RTC_Alarm_IRQHandler(void)
2.    {
3.        //判断 ALARM A 中断
4.        if(RTC_GetFlagStatus(RTC_FLAG_ALRAF)= =SET)
5.        {
6.            //清除闹钟中断标志
7.            RTC_ClearFlag(RTC_FLAG_ALRAF);
8.            alarma_min++;
9.        }
10.       //清除中断线 17 的中断标志
11.       EXTI_ClearITPendingBit(EXTI_Line17);
12.   }
```

5. RTC 唤醒定时器中断服务函数

```
1.    void RTC_WKUP_IRQHandler(void)
2.    {
3.        RTC_TimeTypeDef RTC_TimeStruct;
4.        RTC_DateTypeDef RTC_DateStruct;
5.        uint8_t tbuf[40];
6.        //判断 ALARM WKUP 中断
7.        if(RTC_GetFlagStatus(RTC_FLAG_WUTF)= =SET)
8.        {
9.            //清除中断标志
10.           RTC_ClearFlag(RTC_FLAG_WUTF);
11.           //获取 RTC 日期
12.           RTC_GetDate(RTC_Format_BIN, &RTC_DateStruct);
13.
14.            sprintf(tbuf,"Date:20%02d-%02d-%02d\n",RTC_DateStruct.RTC_Year,
RTC_DateStruct.RTC_Month,RTC_DateStruct.RTC_Date);
15.           //打印日期
16.           LCD_ShowString(30,110,210,16,16,tbuf);
17.
18.           sprintf(tbuf,"Week:%s\n",showweek[RTC_DateStruct.RTC_WeekDay-1]);
19.           //打印星期
20.           LCD_ShowString(30,140,210,16,16,tbuf);
21.
```

22.	//获取 RTC 时间
23.	RTC_GetTime(RTC_Format_BIN,&RTC_TimeStruct);
24.	
25.	sprintf(tbuf," Time:%02d:%02d:%02d\n\n\n",RTC_TimeStruct.RTC_

Hours,RTC_TimeStruct.RTC_Minutes,RTC_TimeStruct.RTC_Seconds);

26.	//打印时间
27.	LCD_ShowString(30,170,210,16,16,tbuf);
28.	}
29.	//清除中断线 22 的中断标志
30.	EXTI_ClearITPendingBit(EXTI_Line22);
31.	}

6. 主函数

1.	int main(void)
2.	{
3.	NVIC_PriorityGroupConfig(NVIC_PriorityGroup_2);　//设置系统中断优先级分组 2
4.	
5.	LED_Hardware_Init();　　　　　　　　　　//LED 初始化
6.	Delay_Init();　　　　　　　　　　　　　　//延时初始化
7.	RTC_Hardware_Init();　　　　　　　　　　//实时时钟初始化
8.	LCD_Configure();
9.	GUI_DrawFont32(32,0,BLACK, WHITE, 0,8,0);　　//百科荣创(北京)
10.	GUI_DrawFont32_2(24,32,BLACK, WHITE, 0, 8, 0);　//科技发展有限公司
11.	
12.	/***
13.	rtc 默认设置断电复位时间为 18 年 12 月 31 日星期一，时间为 23 时 58 分 14 秒
14.	(-----无纽扣电池)
15.	可将纽扣电池加上并修改设置正确的日期和时间
16.	(-----有纽扣电池)
17.	***/
18.	
19.	//RTC 闹钟 A 初始化配置函数
20.	RTC_AlarmA_Hardware_Init(1,0,0,0,RTC_AlarmDateWeekDaySel_Date,RTC_

AlarmMask_Hours|RTC_AlarmMask_Minutes);

21.	/***
22.	rtc 闹钟 A 设置:
23.	1　闹钟日期(1 号)/星期(星期一)
24.	0　闹钟小时(0 点)
25.	0　闹钟分钟(0 分)
26.	0　闹钟秒钟(0 秒)

笔 记

27.	RTC_AlarmDateWeekDaySel_Date　闹钟模式（选择日期，即上述日期 1 号）
28.	RTC_AlarmMask_Hours|RTC_AlarmMask_Minutes
29.	闹钟掩码（掩去小时和分钟，即当日期/星期与秒钟相同时，触发闹钟中断）
30.	＊由于小时和分钟被掩去，因此输入值是什么不影响效果
31.	＊＊＊／
32.	
33.	//RTC 周期性唤醒定时器配置函数，1 秒钟中断一次
34.	RTC_Set_Wake_Up（RTC_WakeUpClock_CK_SPRE_16bits，1-1）;
35.	/＊＊＊＊＊＊＊＊＊＊＊＊＊＊＊＊＊＊＊＊＊＊＊＊＊＊＊＊＊＊＊＊＊＊＊＊＊＊＊
36.	rtc 唤醒定时器设置：
37.	RTC_WakeUpClock_CK_SPRE_16bits　分频为 1Hz
38.	1　　定时器重装载值
39.	＊＊＊／
40.	
41.	**while**（1）
42.	{
43.	LED0_TOGGLE（）;　　　　//LED0 状态翻转表示程序正在运行
44.	Delay_ms（500）;　　　　//延时
45.	}
46.	}

12.3.3　功能测试

　　代码编译成功后（0 Error,0 Warning），使用 J-LINK 连接开发板和计算机，下载程序并复位查看，如图 12-6 所示，当硬件显示状态和预期一致说明项目成功：通过设置开发板的 RTC 定时器，获取实时时间、日期数据并通过 LCD 显示终端显示时间和日期。

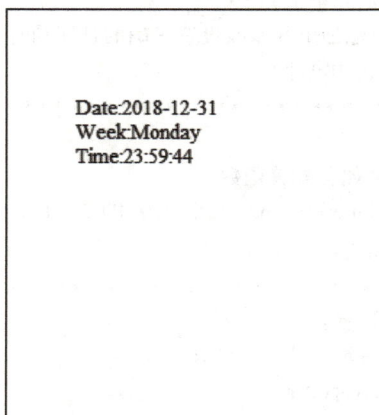

Date:2018-12-31
Week:Monday
Time:23:59:44

图 12-6　程序运行结果

　　开发板无纽扣电池情况下，RTC 默认设置断电复位时间为 2018 年 12 月 31 日。读者可将纽扣电池加上后，尝试修改设置正确的日期和时间。

12.4　项目总结

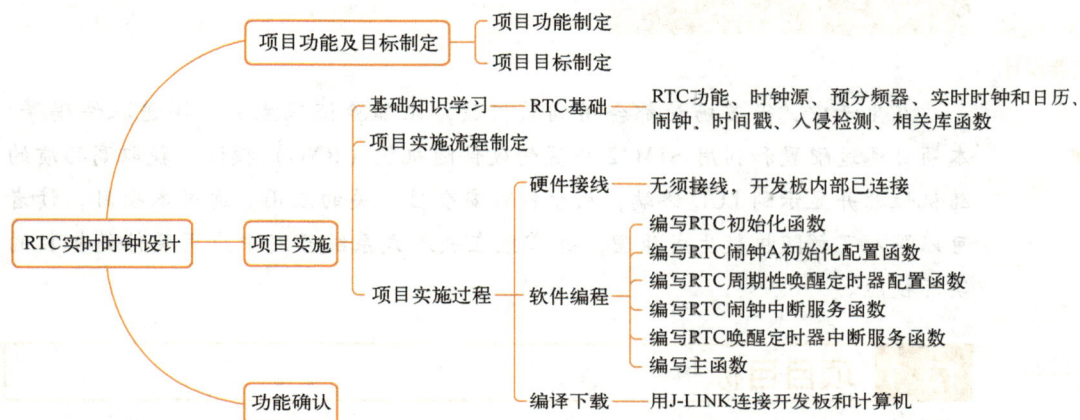

习题

1. 依据 RTC 实验，设计一款多功能万年历。
2. 描述 RTC 编程实现万年历的流程。
3. STM32 的 RTC 功能在生活中有哪些应用？

项目 13 随机数发生器设计

在生活中，很多场景都会用到随机数，比如验证码生成、快递取件码等。本项目通过配置和利用 STM32 内置的硬件随机数（RNG）模块，获取高品质的随机性源并显示到 LCD 终端，用于各种安全性相关的应用。通过本项目，读者可以深入了解随机数生成原理，并掌握在嵌入式系统开发中应用硬件随机数的实际技能。

13.1 项目目标

1）了解随机数生成方法，掌握硬件随机发生器的配置方法。

2）能编程实现随机数生成并显示到 LCD 终端。

3）在项目开发过程中，提高团队合作精神和沟通协调能力，团队之间做好分工，互相帮助。

了解 STM32 微控制器相关 RNG 寄存器的配置方法，调用相关库函数配置 STM32 微控制器 RNG 功能，获取随机数。

13.2 项目基础知识

13.2.1 随机数简介

随机数是专门的随机实验的结果。在统计学的不同技术中需要使用随机数，比如从统计总体中抽取有代表性的样本时、在将实验动物分配到不同的实验组的过程中，或者在进行蒙特卡罗模拟法计算时等。

产生随机数有多种不同的方法。这些方法被称为随机数发生器。随机数最重要的特性是：它所产生的后面的那个数与前面的那个数毫无关系。

13.2.2 随机数发生器

随机数发生器（RNG）以连续模拟噪声为基础，在主机读数时提供一个 32 位的随机数。

1. RNG 的特性

RNG 的特性如下。

1）提供由模拟量发生器产生的 32 位随机数。

2）两个连续随机数的间隔为 40 个 PLL48CLK 时钟信号周期。

3）通过监视 RNG 熵来标识异常行为（产生稳定值，或产生稳定的值序列）。

4）可被禁止以降低功耗。

2. RNG 的功能框图

RNG 功能框图如图 13-1 所示。

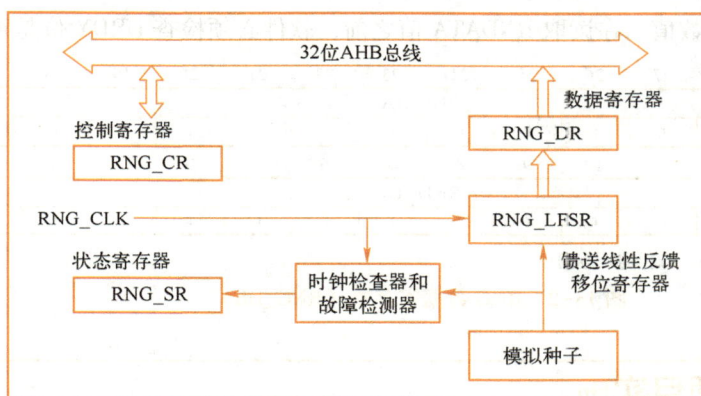

图 13-1　RNG 功能框图

随机数发生器采用模拟电路实现。此电路产生馈入线性反馈移位寄存器（RNG_LFSR）的种子，用于生成 32 位随机数。

该模拟电路由几个环形振荡器组成，振荡器的输出进行异或运算以产生种子。RNG_LFSR 由专用时钟（PLL48CLK）按恒定频率提供时钟信息，因此随机数质量与 HCLK 频率无关。当将大量种子引入 RNG_LFSR 后，RNG_LFSR 的内容会传入数据寄存器（RNG_DR）。

同时，系统会监视模拟种子和专用时钟 PLL48CLK。状态位（RNG_SR 寄存器中）指示何时在种子上出现异常序列，或指示何时 PLL48CLK 时钟频率过低。检测到错误时生成中断。

3. RNG 的运行

要运行 RNG，请按以下步骤操作：

1）如果需要，使能中断（将 RNG_CR 寄存器中的 IE 位置 1）。准备好随机数时，或出现错误时生成中断。

2）通过将 RNG_CR 寄存器中的 RNGEN 位置 1 使能随机数产生。这会激活模拟部分、RNG_LFSR 和错误检测器。

3）每次中断时，检查确认未出现错误（RNG_SR 寄存器中的 SEIS 和 CEIS 位应为 0），并且随机数已准备就绪（RNG_SR 寄存器中的 DRDY 位为 1）。然后即可读取 RNG_DR 寄存器中的内容。

按照 FIPS PUB（美国联邦信息处理标准出版物）140-2 的要求，将 RNGEN 位置 1 后产生的第一个随机数不应使用，但应保存起来，与产生的下一个随机数进行比较。随后产生的每个随机数都需要与产生的上一个随机数进行比较。如果任何一对进行比较的数字相等，则测试失败（连续随机数发生器测试）。

RNG 数据寄存器（RNG_DR）如图 13-2 所示，它是只读寄存器，在读取时提供 32 位随机数值。读取后，此寄存器在最多 40 个 PLL48CLK 时钟周期后，提供新的随机数值。在读取 RNDATA 值之前，软件必须检查 DRDY 位是否已置 1。

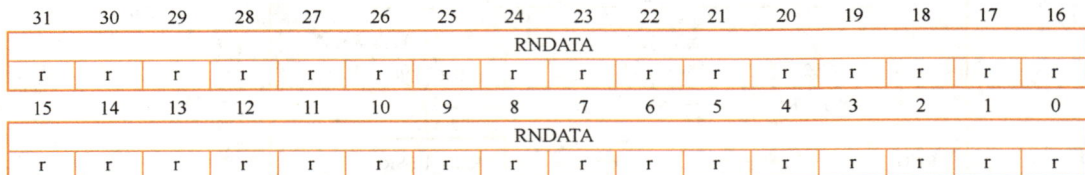

31	30	29	28	27	26	25	24	23	22	21	20	19	18	17	16
							RND	ATA							
r	r	r	r	r	r	r	r	r	r	r	r	r	r	r	r

15	14	13	12	11	10	9	8	7	6	5	4	3	2	1	0
							RND	ATA							
r	r	r	r	r	r	r	r	r	r	r	r	r	r	r	r

位31:0 RNDATA：32位随机数据

图 13-2 RNG 数据寄存器（RNG_DR）

13.3 项目实施

13.3.1 项目实施流程

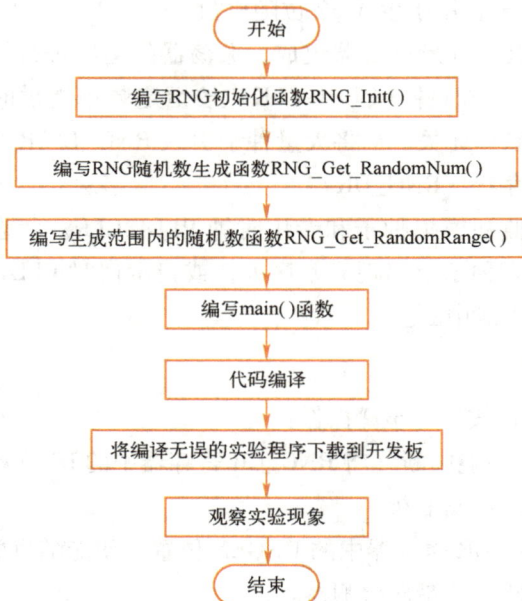

开始 → 编写RNG初始化函数RNG_Init() → 编写RNG随机数生成函数RNG_Get_RandomNum() → 编写生成范围内的随机数函数RNG_Get_RandomRange() → 编写main()函数 → 代码编译 → 将编译无误的实验程序下载到开发板 → 观察实验现象 → 结束

13.3.2　程序编写

1. 初始化配置函数

```
1.      uint8_t RNG_Init(void)
2.      {
3.          uint16_t retry=0;
4.
5.      RCC_AHB2PeriphClockCmd(RCC_AHB2Periph_RNG, ENABLE);
                                //开启 RNG 时钟,来自 PLL48CLK
6.
7.          RNG_Cmd(ENABLE);            //使能 RNG
8.
9.          while(RNG_GetFlagStatus(RNG_FLAG_DRDY)==RESET&&retry<10000)
                                //等待随机数就绪
10.         {
11.             retry++;
12.             Delay_us(100);
13.         }
14.         if(retry>=10000)return 1;    //随机数产生器工作不正常
15.         return 0;
16.     }
```

2. 得到随机数

```
1.      uint32_t RNG_Get_RandomNum(void)
2.      {
3.          while(RNG_GetFlagStatus(RNG_FLAG_DRDY)==RESET); //等待随机数就绪
4.          return RNG_GetRandomNumber();
5.      }
```

3. 控制生成范围内的随机数

```
1.      int RNG_Get_RandomRange(int min, int max)
2.      {
3.          return RNG_Get_RandomNum()%(max-min+1)+min;
4.      }
```

4. 主函数

```
1.    int main(void)
2.    {
3.        uint32_t random;
4.        uint8_t t=0,key;
5.
6.        LED_Hardware_Init();                          //LED 初始化
7.        Delay_Init();                                 //延时初始化
8.        LCD_Configure();                              //初始化 LCD 接口
9.        Key_Hardware_Init();                          //按键初始化
10.       NVIC_PriorityGroupConfig(NVIC_PriorityGroup_2);  //设置系统中断优先级分组 2
11.       GUI_DrawFont32(32, 0,BLACK, WHITE, 0,8, 0);   //百科荣创（北京）
12.       GUI_DrawFont32_2(24, 32,BLACK, WHITE, 0, 8, 0);  //科技发展有限公司
13.
14.       POINT_COLOR=RED;
15.       LCD_ShowString(30,70,200,16,16,"RNG TEST");
16.       while(RNG_Init())                             //初始化随机数发生器
17.       {
18.           LCD_ShowString(30,130,200,16,16,"  RNG Error!");
19.           Delay_ms(200);
20.           LCD_ShowString(30,130,200,16,16,"RNG Trying...");
21.       }
22.       LCD_ShowString(30,130,200,16,16,"RNG Ready!    ");
23.       LCD_ShowString(30,150,200,16,16,"KEY0:Get Random Num");
24.       LCD_ShowString(30,180,200,16,16,"Random Num:");
25.       LCD_ShowString(30,210,200,16,16,"Random Num[0-9]:");
26.
27.       POINT_COLOR=BLUE;
28.       while(1)
29.       {
30.           Delay_ms(10);
31.           key=Key_Scan(0);
32.           if(key==1)
33.           {
34.               random=RNG_Get_RandomNum();           //获得随机数
35.               LCD_ShowNum(30+8*11,180,random,10,16);  //显示随机数
36.
37.           }
38.           if((t%20)==0)
39.           {
40.               LED0_TOGGLE();                        //每 200ms，翻转一次 LED0
41.               random=RNG_Get_RandomRange(0,9);      //获取[0,9]区间的随机数
```

42.	LCD_ShowNum(30+8 * 16,210,random,1,16);	//显示随机数
43.	}	
44.	Delay_ms(10);	
45.	t++;	
46.	}	
47.	}	

13.3.3　功能测试

本项目设计了两路随机数，通过两路对比来完成随机数实验项目，代码编译成功后（0 Error，0 Warning），使用 J-LINK 连接开发板和计算机，下载程序并复位查看，当结果与预期一致则说明项目成功：通过设置开发板的 RNG 功能，一路生成 0~10 以内的随机数，一路通过触发按键 K1 生成 10 位数值的随机数，两路随机数分别显示到 LCD 显示终端，结果如图 13-3 所示。

```
RNG TEST

RNG Ready!
KEY0:Get Random Num

Random Num:1399511345

Random Num[0-9]:0
```

图 13-3　程序运行结果

13.4 项目总结

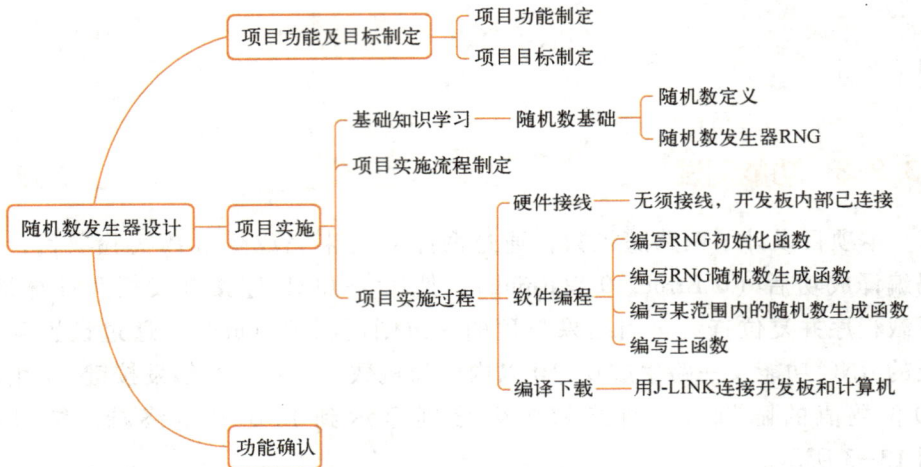

习题

1. 依据硬件随机数实验，设计一款 80~100 的随机数生成器。
2. 请简要介绍随机数发生器（RNG）。
3. STM32 的随机数功能在生活中有哪些应用？

项目 14　待机唤醒设计

STM32 有专门的电源管理外设监控电源并管理设备的运行模式，尽量降低器件的功耗，确保系统正常运行。本项目将实现开发板待机功能，即开发板上电后进入待机模式，通过触发按键来实现待机唤醒，并在 LCD 显示终端显示唤醒结果。

14.1　项目目标

1）认识低功耗的重要性，掌握 STM32 低功耗模式及配置方法。
2）能编程通过触发按键实现待机唤醒，并在 LCD 显示终端显示。
3）通过该项目明白设计来源于生活，结合实际生活需求才是设计开发的源泉。

了解 STM32 微控制器相关待机唤醒寄存器的配置方法，调用相关库函数配置 STM32 微控制器低功耗模式，实现待机唤醒。

14.2　项目基础知识

14.2.1　低功耗

电源对电子设备的重要性不言而喻，它是保证系统稳定运行的基础，而保证系统能稳定运行后，又有低功耗的要求。在很多应用场合中都对电子设备的功耗要求非常苛刻。例如：由于智慧穿戴设备的小型化要求，电池体积不能太大导致容量也比较小，所以也很有必要从控制功耗入手，提高设备的续航时间。

14.2.2　STM32 微控制器低功耗模式

在系统或电源复位以后，微控制器处于运行状态。运行状态下的 HCLK 为 CPU 提供时钟，内核执行程序代码。当 CPU 不需继续运行时，可以利用多个低功耗模式来节省功耗，如等待某个外部事件时。用户需要根据最低电源

笔记

消耗，最快速启动时间和可用的唤醒源等条件，选定一个最佳的低功耗模式。

STM32F4 提供了三种低功耗模式，以达到不同层次的降低功耗的目的，具体为睡眠模式（CM4 内核停止工作，外设仍在运行）、停止模式（所有的时钟都停止）和待机模式。

在运行模式下，也可以通过降低系统时钟关闭 APB 和 AHB 总线上未被使用的外设的时钟来降低功耗。三种低功耗模式如表 14-1 所示。

表 14-1　STM32F4 低功耗模式

模式名称	进入	唤醒	对 1.2 V 域时钟的影响	对 VDD 域时钟的影响	调压器
睡眠模式	WFI	任意中断	CPU CLK 关闭对其他时钟或模拟时钟源无影响	无	开启
	WFE	唤醒事件			
停止模式	PDDS 和 LPDS 位 + SLEEPDEEP 位+WFI 或 WFE	任意 EXTI 线（在 EXTI 寄存器中配置，内部线和外部线）	所有 1.2 V 域时钟都关闭	HIS 和 HE 振荡器关闭	开启或除以低功耗模式（取决于用于 STM32F405xx/17xx 和 STM32F415xx/17xx 的 PWE 电源控制寄存器（PWR_CR）和用于 STM32F42xxx 和 STM32F43xxx 的 PWR 电源控制寄存器（PWR_CR））
待机模式	PDDS +SLEEPDEEP 位 + WFI 或 WFE	WKUP 引脚上升沿、RTC 闹钟（闹钟 A 或闹钟 B）、RTC 唤醒事件、RTC 入侵事件、RTC 时间戳事件、NRST 引脚外部复位、IWDG 复位	所有 1.2 V 域时钟都关闭	HIS 和 HSE 振荡器关闭	关闭

在这三种低功耗模式中，最低功耗的是待机模式，在此模式下，最低只需要 2.2 μA 左右的电流。停机模式是次低功耗的，其典型的电流消耗在 350 μA 左右。最后就是睡眠模式了。用户可以根据自己的需求来决定使用哪种低功耗模式。

待机模式可实现 STM32F4 的最低功耗。该模式是在 CM4 深睡眠模式时关闭电压调节器。整个 1.2 V 供电区域被断电。PLL、HSI 和 HSE 振荡器也被断电。SRAM 和寄存器内容丢失。除备份域（RTC 寄存器、RTC 备份寄存器和备份 SRAM）和待机电路中的寄存器外，SRAM 和寄存器内容都将丢失。

STM32F4 进入及退出待机模式的条件如表 14-2 所示。

表 14-2　STM32F4 进入及退出待机模式的条件

待机模式	说　明
进入模式	WFI（等待中断）或 WFE（等待事件），且： -将 CortexTM-M4F 系统控制寄存器中的 SLEEPDEEP 位置 1 -将电源控制寄存器（PWR_CR）中的 PDDS 位置 1 -将电源控制/状态寄存器（PWR_CSR）中的 WUF 位清零 -将与所选唤醒源（RTC 闹钟 A、RTC 闹钟 B、RTC 唤醒、RTC 入侵或 RTC 时间戳标志）对应的 RTC 标志清零
退出模式	WKUP 引脚上升沿、RTC 闹钟（闹钟 A 和闹钟 B）、RTC 唤醒事件、RTC 入侵事件、RTC 时间戳事件、NRST 引脚外部复位和 IWDG 复位
唤醒延迟	复位阶段

　　表中还列出了退出待机模式的操作，从表 14-2 可知，有多种方式可以退出待机模式，包括：WKUP 引脚的上升沿、RTC 闹钟、RTC 唤醒事件、RTC 入侵事件、RTC 时间戳事件、外部复位（NRST 引脚）、IWDG 复位等，微控制器从待机模式退出。

　　从待机模式唤醒后的代码执行等同于复位后的执行（采样启动模式引脚，读取复位向量等）。电源控制/状态寄存器（PWR_CSR）将会指示内核由待机状态退出。

　　在进入待机模式后，除了复位引脚、RTC_AF1 引脚（PC13）（如果针对入侵、时间戳、RTC 闹钟输出或 RTC 时钟校准输出进行了配置）和 WK_UP（PA0）（如果使能了）等引脚外，其他所有 IO 引脚都将处于高阻态。

14.2.3　相关寄存器

　　表 14-2 已经清楚说明了进入待机模式的通用步骤，其中涉及两个寄存器，即电源控制寄存器（PWR_CR）和电源控制/状态寄存器（PWR_CSR）。

1. 电源控制寄存器（PWR_CR）

电源控制寄存器（PWR_CR）如图 14-1 所示。

31	30	29	28	27	26	25	24	23	22	21	20	19	18	17	16
							寄存器								

15	14	13	12	11	10	9	8	7	6	5	4	3	2	1	0
寄存器	VOS		寄存器			FPDS	DBP	PLS[2:0]			PVDE	CSBF	CWUF	PDDS	LPDS
	rw					rw	rw	rw	rw	rw	rw	rc_w1	rc_w1	rw	rw

图 14-1　电源控制寄存器（PWR_CR）

（1）位 2 CWUF

将唤醒标志清零（Clear wakeup flag），此位始终读为 0。

1）0：无操作。

2）1：写 1 操作 2 个系统时钟周期后，将 WUF 唤醒标志清零。

（2）位 1 PDDS

深度睡眠掉电（Power-down Deep Sleep），此位由软件置 1 和清零。与 LPDS 位结合使用。

1）0：器件在 CPU 进入深度睡眠时进入停止模式。调压器状态取决于 LPDS 位。

2）1：器件在 CPU 进入深度睡眠时进入待机模式。

该寄存器只需设置 bit1 和 bit2 这两个位，通过设置 PWR_CR 的 PDDS 位，使 CPU 进入深度睡眠时进入待机模式，同时通过 CWUF 位，清除之前的唤醒位。

2. 电源控制/状态寄存器（PWR_CSR）

电源控制/状态寄存器（PWR_CSR）如图 14-2 所示。

31	30	29	28	27	26	25	24	23	22	21	20	19	18	17	16
寄存器															

15	14	13	12	11	10	9	8	7	6	5	4	3	2	1	0
寄存器	VOS RDY	寄存器				BRE	EWUP	寄存器				BRR	PVDO	SBF	WUF
	r					rw	rw					r	r	r	r

位31:15 保留，必须保持复位值。

位14 VOSRDY：调压器输出分级电压就绪标志(Regulator voltage scaling output selection ready bit)
　　0：未就绪
　　1：就绪

位13:10 保留，必须保持复位值。

位9 BRE：使能备份调压器(Backup regulator enable)
　　将此位置1时，使能备份调压器(用于在待机模式和V_{BAT}模式下保持备份SRAM内容)。
　　如果BRE复位，备份调压器关闭。仍可使用备份SRAM，但在待机模式和V_{BAT}模式中其内容
　　将丢失。将此位置1后，应用程序必须等待备份调压器就绪标志(BRR)置1，指示在待机模
　　式和V_{BAT}模式下会保持写入RAM中的数据。
　　0：禁止备份调压器
　　1：使能备份调压器
　　注意：此位不会在器件从待机模式唤醒时复位，也不会通过系统复位或电源复位进行复位。

位8 EWUP：使能WKUP引脚(Enable WKUP pin)
　　此位由软件置1和清零。
　　0：WKUP引脚用作通用I/O。WKUP引脚上的事件不会把器件从待机模式唤醒。
　　1：WKUP用于从待机模式唤醒器件并被强制配置成输入下拉(WKUP引脚出现上升沿时从待机
　　模式唤醒系统)。
　　注意：此位通过系统复位进行复位

位7:4 保留，必须保持复位值。

位3 BRR：备份调压器就绪(Backup regulator ready)
　　由硬件置1，用以指示备份调压器已就绪。
　　0：备份调压器未就绪
　　1：备份调压器就绪
　　注意：此位不会在器件从待机模式唤醒时复位，也不会通过系统复位或电源复位进行复位。

位2 PVDO：PVD输出(PVD output)
　　此位通过硬件置1和清零。仅当通过PVDE位使能PVD时，此位才有效。
　　0：VDD高于PLS[2:0]位选择的PVD阈值。
　　1：VDD低于PLS[2:0]位选择的PVD阈值。
　　注意：PVD在进入待机模式时停止。因此，进入待机模式或执行复位后，此位等于0，直到
　　　　PVDE位置1。

图 14-2　电源控制/状态寄存器（PWR_CSR）

（1）位 8 EWUP

使能 WKUP 引脚（Enable WKUP pin），此位由软件置 1 和清零。

1）0：WKUP 引脚用作通用 I/O。WKUP 引脚上的事件不会把器件从待机模式唤醒。

2）1：WKUP 用于从待机模式唤醒器件并被强制配置成输入下拉（WKUP 引脚出现上升沿时从待机模式唤醒系统）。

（2）位 0 WUF

唤醒标志（Wakeup flag）。此位由硬件置 1，清零则只能通过 POR/PDR（上电复位/掉电复位）或将 PWR_CR 寄存器中的 CWUF 位置 1 来实现。

1）0：未发生唤醒事件。

2）1：收到唤醒事件，可能来自 WKUP 引脚、RTC 闹钟（闹钟 A 或闹钟 B）、RTC 入侵事件、RTC 时间戳事件或 RTC 唤醒事件。

注意： 如果使能 WKUP 引脚（将 EWUP 位置 1）时 WKUP 引脚已为高电平，系统检测到另一唤醒事件。

在此次实验中，通过设置 PWR_CSR 的 EWUP 位，来使能 WKUP 引脚用于待机模式唤醒。除此之外还可以从 WUF 来检查是否发生了唤醒事件，不过在此次实验中并没有用到。

对于使能了 RTC 闹钟中断或 RTC 周期性唤醒等中断时，进入待机模式前，必须按如下操作处理，否则可能无法唤醒。

1）禁止 RTC 中断（ALRAIE、ALRBIE、WUTIE、TAMPIE 和 TSIE 等）。

2）清零对应中断标志位。

3）清除 PWR 唤醒（WUF）标志（通过设置 PWR_CR 的 CWUF 位实现）。

4）重新使能 RTC 对应中断。

5）进入低功耗模式。

14.3 项目实施

14.3.1 项目实施流程

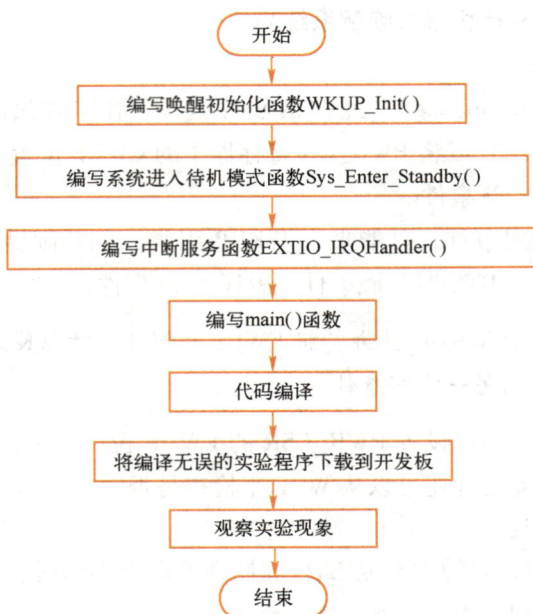

```
            开始
             │
  编写唤醒初始化函数WKUP_Init( )
             │
  编写系统进入待机模式函数Sys_Enter_Standby( )
             │
  编写中断服务函数EXTIO_IRQHandler( )
             │
       编写main( )函数
             │
         代码编译
             │
  将编译无误的实验程序下载到开发板
             │
       观察实验现象
             │
            结束
```

14.3.2 程序编写

1. 唤醒初始化函数

```
1.    void WKUP_Init(void)
2.    {
3.        GPIO_InitTypeDef    GPIO_InitStructure;
4.        NVIC_InitTypeDef    NVIC_InitStructure;
5.        EXTI_InitTypeDef    EXTI_InitStructure;
6.
7.        RCC_AHB1PeriphClockCmd(RCC_AHB1Periph_GPIOG, ENABLE);
                                                    //使能 GPIOG 时钟
8.        RCC_APB2PeriphClockCmd(RCC_APB2Periph_SYSCFG, ENABLE);
                                                    //使能 SYSCFG 时钟
9.
10.       GPIO_InitStructure.GPIO_Pin = GPIO_Pin_13;          //PG13
11.       GPIO_InitStructure.GPIO_Mode = GPIO_Mode_IN;        //输入模式
```

```
12.        GPIO_InitStructure. GPIO_OType = GPIO_OType_OD;
13.        GPIO_InitStructure. GPIO_Speed = GPIO_Speed_100MHz;
14.        GPIO_InitStructure. GPIO_PuPd = GPIO_PuPd_DOWN；  //下拉
15.        GPIO_Init( GPIOG, &GPIO_InitStructure);          //初始化
16.
17.        //检查是否是正常开机
18.        if( Check_WKUP( )= =1)
19.        {
20.             Sys_Enter_Standby( );                        //不是开机，进入待机模式
21.        }
22.        SYSCFG_EXTILineConfig( EXTI_PortSourceGPIOG, EXTI_PinSource13);
                                                            //PG13 连接到中断线 13
23.
24.        EXTI_InitStructure. EXTI_Line = EXTI_Line13;      //LINE13
25.        EXTI_InitStructure. EXTI_Mode = EXTI_Mode_Interrupt；  //中断事件
26.        EXTI_InitStructure. EXTI_Trigger = EXTI_Trigger_Falling;//上升沿触发
27.        EXTI_InitStructure. EXTI_LineCmd = ENABLE;        //使能 LINE13
28.        EXTI_Init( &EXTI_InitStructure);                  //配置
29.
30.        NVIC_InitStructure. NVIC_IRQChannel = EXTI15_10_IRQn；//外部中断 15_10
31.        NVIC_InitStructure. NVIC_IRQChannelPreemptionPriority = 0x02；//抢占优先级 2
32.        NVIC_InitStructure. NVIC_IRQChannelSubPriority = 0x02；//子优先级 2
33.        NVIC_InitStructure. NVIC_IRQChannelCmd = ENABLE;   //使能外部中断通道
34.        NVIC_Init( &NVIC_InitStructure);                   //配置 NVIC
35.
36.    }
```

2. 系统进入待机模式

```
1.     void Sys_Enter_Standby( void)
2.     {
3.         while( WKUP_KD);          //等待 WK_UP 按键松开（在有 RTC 中断时，必须
                                     //等 WK_UP 松开再进入待机）
4.
5.         RCC_AHB1PeriphResetCmd(0X04FF,ENABLE);  //复位所有 IO 口
6.
7.         RCC_APB1PeriphClockCmd(RCC_APB1Periph_PWR, ENABLE)；  //使能 PWR 时钟
8.
9.         PWR_BackupAccessCmd( ENABLE);            //后备区域访问使能
10.
11.        //这里直接关闭相关 RTC 中断
12.        RTC_ITConfig(RTC_IT_TS|RTC_IT_WUT|RTC_IT_ALRB|RTC_IT_ALRA,DISABLE);
           //关闭 RTC 相关中断,可能在 RTC 实验打开了
```

```
13.          RTC_ClearITPendingBit(RTC_IT_TS|RTC_IT_WUT|RTC_IT_ALRB|RTC_IT_ALRA);
                                                          //清除 RTC 相关中断标志位
14.
15.          PWR_ClearFlag(PWR_FLAG_WU);        //清除 Wake-up 标志
16.
17.          PWR_WakeUpPinCmd(ENABLE);          //设置 WKUP 用于唤醒
18.
19.          PWR_EnterSTANDBYMode();            //进入待机模式
20.
21.      }
```

3. 中断服务函数

```
1.      void EXTI0_IRQHandler(void)
2.      {
3.          EXTI_ClearITPendingBit(EXTI_Line13);      //清除 LINE13 上的中断标志位
4.          if(Check_WKUP())                          //关机？
5.          {
6.              Sys_Enter_Standby();                  //进入待机模式
7.          }
8.      }
```

4. 主函数

```
1.      int main(void)
2.      {
3.          LED_Hardware_Init();                              //LED 初始化
4.          Delay_Init();                                     //延时初始化
5.          NVIC_PriorityGroupConfig(NVIC_PriorityGroup_2);   //设置系统中断优先级分组 2
6.          LCD_Configure();                                  //初始化 LCD 接口
7.          GUI_DrawFont32(32, 0,BLACK, WHITE, 0,8, 0);       //百科荣创（北京）
8.          GUI_DrawFont32_2(24, 32,BLACK, WHITE, 0, 8, 0);   //科技发展有限公司
9.          WKUP_Init();                                      //待机唤醒初始化
10.         POINT_COLOR=RED;
11.         LCD_ShowString(30,70,200,16,16,"WKUP TEST");
12.         LCD_ShowString(30,130,200,16,16,"WK_UP:Stanby/WK_UP");
13.         while(1)
14.         {
15.             LED0_TOGGLE();
16.             Delay_ms(250);                                //延时 250 ms
17.         }
18.     }
```

14.3.3　功能测试

14.3.3　功能
测试

　　编程实现开发板上电进入待机模式，代码编译成功后（0 Error，0 Warning），使用 J-LINK 连接开发板和计算机，下载程序并复位查看，如果和预期一致说明项目成功：上电后开发板进入待机模式，通过触发按键 K1 待机唤醒，LCD 显示终端显示"WKUP TEST"和"WK_UP：Stanby/WK_UP"字样，并伴随着 D6 处 LED 灯闪烁，如图 14-3 所示。

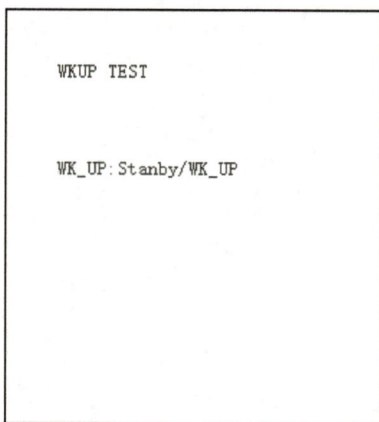

图 14-3　程序运行结果

14.4　项目总结

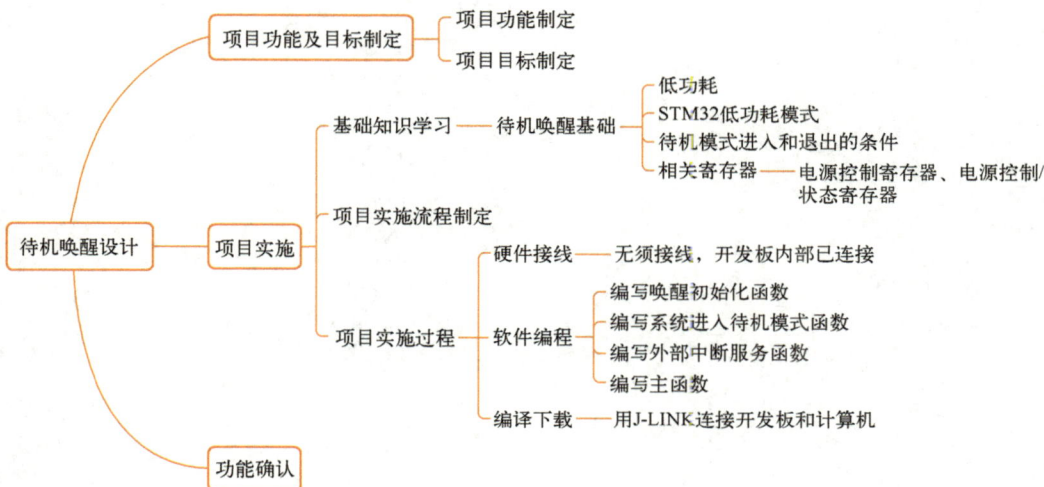

笔记 **习题**

1. 依据待机唤醒实验，尝试通过中断的方式实现待机唤醒。

2. 为了达到不同层次降低功耗的目的，STM32F4 提供了哪几种低功耗模式？

3. STM32 的待机唤醒功能在生活中有哪些应用？

项目 15　　摇杆 ADC 设计

本章将介绍 STM32 开发板上的 ADC 功能。通过设置开发板的 ADC 转换器，将采集的模拟信号进行数字转化，在 LCD 显示终端实时显示，并能实现左摇摇杆时，LCD 显示终端实时显示的数值增大；右摇摇杆时，LCD 显示终端实时显示的数值减小。

15.1　项目目标

1）学习 ADC 转换原理，掌握 STM32 的 ADC 配置及使用方法。

2）能编程实现 ADC 功能，将采集的模拟信号进行数字转化，在 LCD 终端实时显示。

3）具备刻苦学习、勤学苦练的好习惯，掌握扎实的专业理论知识，练就过硬的本领，报效祖国。

了解 STM32 微控制器相关 ADC 寄存器的配置方法，调用相关库函数配置 STM32 微控制器的 ADC 转换器，采集摇杆的模拟信号完成数字量化。

15.2　项目基础知识

15.2.1　ADC 简介

15.2　项目
基础知识

真实世界的模拟信号，如温度、压力、声音或者图像等，需要转换成更容易储存、处理和发射的数字形式。模/数转换器可以实现这个功能，在各种不同的产品中都可以找到它的身影。模/数转换器（Analog-to-Digital Converter, ADC）是指将连续变化的模拟信号转换为离散的数字信号的器件，其数据采集系统如图 15-1 所示。

典型的模/数转换器是将模拟信号转换为一定比例电压值的数字信号。

笔记

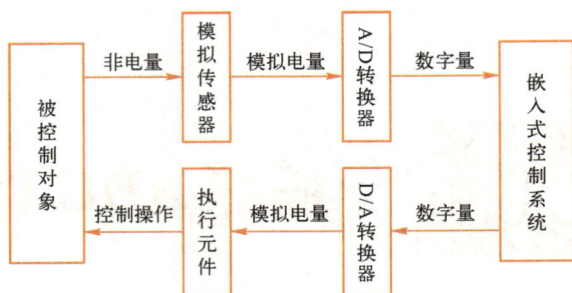

图 15-1　数据采集系统

15.2.2　ADC 转换原理

模/数转换一般要经过采样、保持、量化和编码这几个步骤，如图 15-2 所示。在实际电路中，有些过程是合并进行的，如采样和保持，量化和编码在转换过程中是同时实现的。

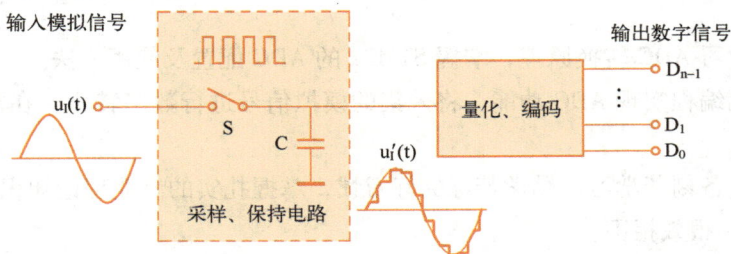

图 15-2　ADC 转换过程

15.2.3　STM32F407 系列微控制器中的 ADC 简介

STM32F407ZET6 有三个 ADC，每个 ADC 有 12 位、10 位、8 位和 6 位可选，且每个 ADC 有 16 个外部通道。另外还有两个内部 ADC 源和 VBAT 通道挂在 ADC1 上。ADC 具有独立模式、双重模式和三重模式，对于不同 ADC 都有合适的模式可选。ADC 功能非常强大，其功能框图如图 15-3 所示。

1. 电压输入范围

ADC 的电压输入范围为 $V_{REF-} \leq V_{IN} \leq V_{REF+}$，由 V_{REF-}、V_{REF+}、V_{DDA}、V_{SSA} 这四个外部引脚决定。

在设计原理图的时候一般把 V_{SSA} 和 V_{REF-} 接地，把 V_{REF+} 和 V_{DDA} 接 3.3 V，得到 ADC 的输入电压范围为 0~3.3 V。

如果想让输入的电压范围变宽，使其可以测试负电压或者更高的正电压，可以在外部加一个电压调理电路，把需要转换的电压抬升或者降压到 0~3.3 V，这样 ADC 就可以测量了。

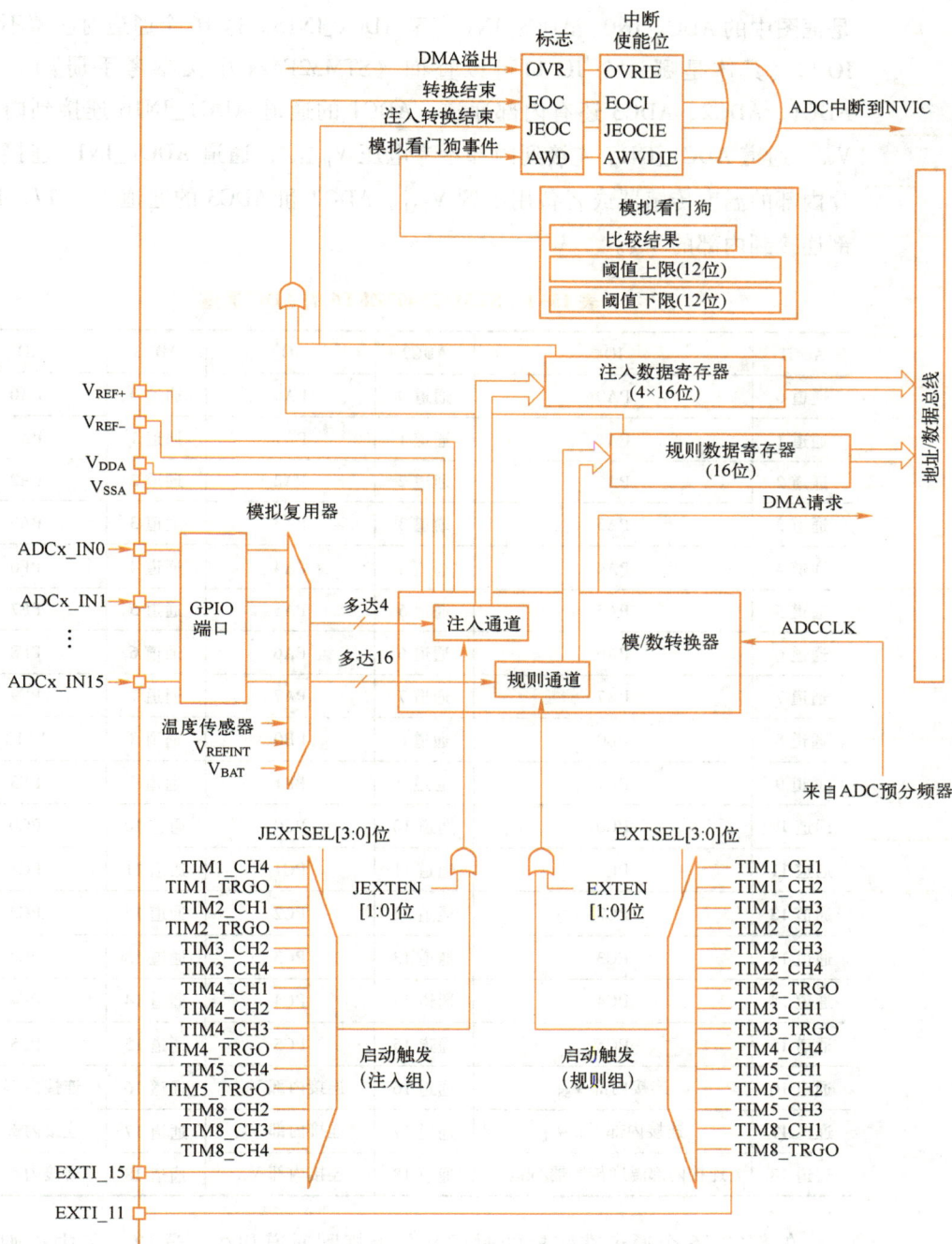

图 15-3　单个 ADC 功能框图

笔记

2. 输入通道

STM32 的 ADC 多达 19 个通道，如表 15-1 所示。其中外部的 16 个通道就是框图中的 ADCx_IN0、ADCx_IN1 直至 ADCx_IN15。这 16 个通道对应着不同的 IO 口（具体是哪一个 IO 口可以查询《STM32F4xx 中文参考手册》）。其中 ADC1、ADC2、ADC3 还有内部通道：ADC1 的通道 ADC1_IN16 连接到内部的 V_{SS}，通道 ADC1_IN17 连接到内部参考电压 V_{REFINT}，通道 ADC1_IN18 连接到芯片内部的温度传感器或者备用电源 V_{BAT}。ADC2 和 ADC3 的通道 16、17、18 全部连接到内部的 V_{SS}。

表 15-1　STM32F407ZET6 的 ADC 通道

ADC1	IO	ADC2	IO	ADC3	IO
通道 0	PA0	通道 0	PA0	通道 0	PA0
通道 1	PA1	通道 1	PA1	通道 1	PA1
通道 2	PA2	通道 2	PA2	通道 2	PA2
通道 3	PA3	通道 3	PA3	通道 3	PA3
通道 4	PA4	通道 4	PA4	通道 4	PF6
通道 5	PA5	通道 5	PA5	通道 5	PF7
通道 6	PA6	通道 6	PA6	通道 6	PF8
通道 7	PA7	通道 7	PA7	通道 7	PF9
通道 8	PB0	通道 8	PB0	通道 8	PF10
通道 9	PB1	通道 9	PB1	通道 9	PF3
通道 10	PC0	通道 10	PC0	通道 10	PC0
通道 11	PC1	通道 11	PC1	通道 11	PC1
通道 12	PC2	通道 12	PC2	通道 12	PC2
通道 13	PC3	通道 13	PC3	通道 13	PC3
通道 14	PC4	通道 14	PC4	通道 14	PF4
通道 15	PC5	通道 15	PC5	通道 15	PF5
通道 16	连接内部 V_{SS}	通道 16	连接内部 V_{SS}	通道 16	连接内部 V_{SS}
通道 17	连接内部 V_{REFINT}	通道 17	连接内部 V_{SS}	通道 17	连接内部 V_{SS}
通道 18	连接内部温度传感器/V_{BAT}	通道 18	连接内部 V_{SS}	通道 18	连接内部 V_{SS}

外部的 16 个通道在转换的时候又分为规则通道和注入通道，其中规则通道最多有 16 路，注入通道最多有四路。

- 规则通道：普通通道。

- 注入通道：注入，可以理解为插入、插队的意思，是一种不安分的通道。它是一种在规则通道转换的时候强行插入要转换的通道。如果在规则通道转换过程中，有注入通道插队，那么就要先转换完注入通道，等注入通道转换完成后，再回到规则通道的转换流程。这点跟中断程序很像，所以，注入通道只有在规则通道存在时才会出现。

3. 转换顺序

（1）规则序列

规则序列寄存器有三个，分别为 SQR3、SQR2、SQR1。SQR3 控制着规则序列中的第 1 个到第 6 个转换，对应的位为 SQ1[4:0]~SQ6[4:0]，第一次转换的是位 SQ1[4:0]，如果通道 16 想第一个转换，那么在 SQ1[4:0] 写 16 即可。SQR2 控制着规则序列中的第 7 到第 12 个转换，对应的位为 SQ7[4:0]~SQ12[4:0]，如果通道 1 想第 8 个转换，则 SQ8[4:0] 写 1 即可。SQR1 控制着规则序列中的第 13 个到第 16 个转换，对应位为 SQ13[4:0]~SQ16[4:0]，如果通道 6 想第 16 个转换，则 SQ16[4:0] 写 6 即可。具体使用多少个通道，由 SQR1 的位 SQL[3:0] 决定，最多 16 个通道。

规则序列寄存器的功能见表 15-2。

表 15-2　规则序列寄存器的功能

寄 存 器	寄 存 器 位	功　能	取　值
SQR3	SQ1[4:0]	设置第 1 个转换的通道	通道 1~16
	SQ2[4:0]	设置第 2 个转换的通道	通道 1~16
	SQ3[4:0]	设置第 3 个转换的通道	通道 1~16
	SQ4[4:0]	设置第 4 个转换的通道	通道 1~16
	SQ5[4:0]	设置第 5 个转换的通道	通道 1~16
	SQ6[4:0]	设置第 6 个转换的通道	通道 1~16
SQR2	SQ7[4:0]	设置第 7 个转换的通道	通道 1~16
	SQ8[4:0]	设置第 8 个转换的通道	通道 1~16
	SQ9[4:0]	设置第 9 个转换的通道	通道 1~16
	SQ10[4:0]	设置第 10 个转换的通道	通道 1~16
	SQ11[4:0]	设置第 11 个转换的通道	通道 1~16
	SQ12[4:0]	设置第 12 个转换的通道	通道 1~16
SQR1	SQ13[4:0]	设置第 13 个转换的通道	通道 1~16
	SQ14[4:0]	设置第 14 个转换的通道	通道 1~16
	SQ15[4:0]	设置第 15 个转换的通道	通道 1~16
	SQ16[4:0]	设置第 16 个转换的通道	通道 1~16
	SQL[3:0]	需要转换多少个通道	1~16

笔记

笔记

（2）注入序列

注入序列寄存器 JSQR 只有一个，最多支持四个通道，具体多少个由 JSQR 的 JL[2:0]决定。如果 JL 的值小于 4 的话，则 JSQR 跟 SQR 决定转换顺序的设置不一样，第一次转换的不是 JSQR1[4:0]，而是 JCQRx[4:0]，x=(4-JL)，跟 SQR 刚好相反。如果 JL=00（1 个转换），那么转换的顺序是从 JSQR4[4:0]开始，而不是从 JSQR1[4:0]开始。当 JL=4 时，跟 SQR 一样。注入序列寄存器的功能见表 15-3。

表 15-3　注入序列寄存器的功能

寄存器	寄存器位	功　能	取　值
JSQR	JSQ1[4:0]	设置第 1 个转换的通道	通道 1~4
	JSQ2[4:0]	设置第 2 个转换的通道	通道 1~4
	JSQ3[4:0]	设置第 3 个转换的通道	通道 1~4
	JSQ4[4:0]	设置第 4 个转换的通道	通道 1~4
	JL[1:0]	需要转换多少个通道	1~4

4. 触发源

ADC 转换可以由 ADC 控制寄存器 2：ADC_CR2 的 ADON 这个位来控制，写 1 的时候开始转换，写 0 的时候停止转换，这个是最简单也是最好理解的开启 ADC 转换的控制方式。

除了这种简单的控制方法，ADC 还支持外部事件触发转换，这个触发包括内部定时器触发和外部 IO 触发。触发源有很多，具体选择哪一种触发源，由 ADC 控制寄存器 2：ADC_CR2 的 EXTSEL[2:0]和 JEXTSEL[2:0]位来控制。EXTSEL[2:0]用于选择规则通道的触发源，JEXTSEL[2:0]用于选择注入通道的触发源。选定好触发源之后，触发源是否要激活，则由 ADC 控制寄存器 2：ADC_CR2 的 EXTTRIG 和 JEXTTRIG 这两位来激活。

如果使能了外部触发事件，还可以通过设置 ADC 控制寄存器 2：ADC_CR2 的 EXTEN[1:0]和 JEXTEN[1:0]来控制触发极性，可以有四种状态，分别是：禁止触发检测、上升沿检测、下降沿检测以及上升沿和下降沿均检测。

5. 转换时间

（1）ADC 时钟

ADC 输入时钟 ADC_CLK 由 PCLK2 经过分频产生，最大值是 36 MHz，典型值为 30 MHz，分频因子由 ADC 通用控制寄存器 ADC_CCR 的 ADCPRE[1:0]设置，可设置的分频系数有 2、4、6 和 8，注意这里没有 1 分频。对于 STM32F407ZET6，一般设置 PCLK2=HCLK/2=84 MHz。所以程序一般使用 4 分频或者 6 分频。

（2）采样时间

ADC 需要若干个 ADC_CLK 周期对输入的电压进行采样，采样的周期数可通过 ADC 采样时间寄存器 ADC_SMPR1 和 ADC_SMPR2 中的 SMP[2:0] 位设置，ADC_SMPR2 控制的是通道 0~9，ADC_SMPR1 控制的是通道 10~17。每个通道可以分别用不同的时间采样。其中采样周期最小是 3 个，即如果要达到最快的采样，那么应该设置采样周期为 3 个周期，这里说的周期就是 1/ADC_CLK。

ADC 的总转换时间跟 ADC 的输入时钟和采样时间有关，为

$$Tconv = 采样时间 + 12 个周期$$

当 ADCCLK = 30 MHz，即 PCLK2 为 60 MHz，ADC 时钟为 2 分频，采样时间设置为 3 个周期，那么总的转换时为

$$Tconv = 3 + 12 = 15 个周期 = 0.5（\mu s）$$

一般设置 PCLK2 = 84 MHz，经过 ADC 预分频器能分频到最大的时钟只能是 21M，采样周期设置为 3 个周期，算出最短的转换时间为 0.7142 μs，这个才是最常用的。

6. 数据寄存器

一切准备就绪后，ADC 转换后的数据根据转换组的不同，规则组的数据放在 ADC_DR 寄存器，注入组的数据放在 ADC_JDRx。如果是使用双重或者三重模式，那规则组的数据是存放在通用规则寄存器 ADC_CDR 内的。

（1）规则数据寄存器 ADC_DR

ADC 规则组数据寄存器 ADC_DR 只有一个，是一个 32 位的寄存器，只有低 16 位有效并且只是用于独立模式存放转换完成数据。因为 ADC 的最大精度是 12 位，ADC_DR 是 16 位有效，这样允许 ADC 存放数据时选择左对齐或者右对齐，具体以哪一种方式存放，由 ADC_CR2 的 11 位 ALIGN 设置。假如设置 ADC 精度为 12 位，如果设置数据为左对齐，那 ADC 完成数据存放在 ADC_DR 寄存器的 [4:15] 位内；如果为右对齐，则存放在 ADC_DR 寄存器的 [0:11] 位内。

规则通道可以有 16 个，可规则数据寄存器只有一个，如果使用多通道转换，那转换的数据就全部都挤在了 DR 里面，前一个时间点转换的通道数据，就会被下一个时间点的另外一个通道转换的数据覆盖掉，所以当通道转换完成后就应该把数据取走，或者开启 DMA 模式，把数据传输到内存里面，不然就会造成数据的覆盖。最常用的做法就是开启 DMA 传输。

如果没有使用 DMA 传输，一般都需要使用 ADC 状态寄存器 ADC_SR 获取当前 ADC 转换的进度状态，进而进行程序控制。

（2）注入数据寄存器 ADC_JDRx

ADC 注入组最多有四个通道，刚好注入数据寄存器也有四个，每个通道对

应着自己的寄存器，不会跟规则寄存器那样产生数据覆盖的问题。ADC_JDRx 是 32 位的，低 16 位有效，高 16 位保留，数据同样分为左对齐和右对齐，具体以哪一种方式存放，由 ADC_CR2 的 11 位 ALIGN 设置。

（3）通用规则数据寄存器 ADC_CDR

规则数据寄存器 ADC_DR 是仅适用于独立模式的，而通用规则数据寄存器 ADC_CDR 是适用于双重和三重模式的。独立模式就是仅仅适用三个 ADC 的其中一个，双重模式就是同时使用 ADC1 和 ADC2，而三重模式就是三个 ADC 同时使用。在双重或者三重模式下一般需要配合 DMA 数据传输使用。

7. 中断

数据转换结束后，可以产生中断，中断分为四种：规则通道转换结束中断、注入转换通道转换结束中断、模拟看门狗中断和溢出中断。

（1）转换结束中断

转换结束中断（包括规则通道、注入转换通道两种）很好理解，跟平时接触的中断一样，有相应的中断标志位和中断使能位，还可以根据中断类型写相应配套的中断服务程序。

（2）模拟看门狗中断

当被 ADC 转换的模拟电压低于低阈值或者高于高阈值时，就会产生中断，前提是开启了模拟看门狗中断，其中低阈值和高阈值由 ADC_LTR 和 ADC_HTR 设置。例如，设置高阈值是 2.5 V，那么模拟电压超过 2.5 V 的时候，就会产生模拟看门狗中断，反之低阈值也一样。

（3）溢出中断

如果 DMA 传输数据丢失，会置位 ADC 状态寄存器 ADC_SR 的 OVR 位，如果同时使能了溢出中断，那在转换结束后会产生一个溢出中断。

8. DMA 请求

规则和注入通道转换结束后，除了产生中断外，还可以产生 DMA 请求，把转换好的数据直接存储在内存里面。对于独立模式的多通道 AD 转换使用 DMA 传输非常有必须要，程序编程简化了很多。对于双重或三重模式使用 DMA 传输几乎可以说是必要的。一般在使用 ADC 的时候都会开启 DMA 传输。

9. 电压转换

模拟电压经过 ADC 转换后，是一个相对精度的数字值，如果通过串口以 16 进制打印出来的话，可读性比较差，有时候就需要把数字电压转换成模拟电压，也可以跟实际的模拟电压（用万用表测）对比，看转换是否准确。

在设计原理图时会把 AD 的输入电压范围设定在 0~3.3 V，设置 ADC 为 12 位，那么 12 位满量程对应的就是 3.3 V，12 位满量程对应的数字值是 2^{12}。数值

0 对应的就是 0 V。转换后的数值为 X，X 对应的模拟电压为 Y，那么会有这么一个等式成立：

$$2^{12}/3.3 = X/Y, => Y = (3.3X)/2^{12}$$

15.3　项目实施

15.3.1　项目实施流程

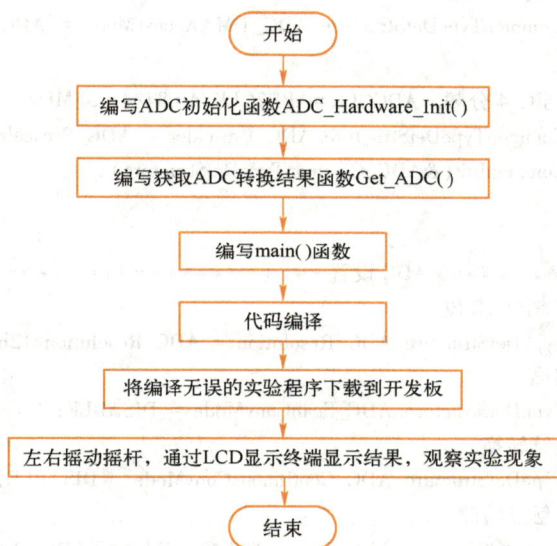

```
开始
  ↓
编写ADC初始化函数ADC_Hardware_Init()
  ↓
编写获取ADC转换结果函数Get_ADC()
  ↓
编写main()函数
  ↓
代码编译
  ↓
将编译无误的实验程序下载到开发板
  ↓
左右摇动摇杆，通过LCD显示终端显示结果，观察实验现象
  ↓
结束
```

15.3.2　程序编写

1. ADC 初始化函数

```
1.      void ADC_Hardware_Init(void)
2.      {
3.          GPIO_InitTypeDef GPIO_TypeDefStructure;
4.          ADC_InitTypeDef ADC_TypeDefStructure;
5.          ADC_CommonInitTypeDef ADC_CommonTypeDefStructure;
6.
7.          RCC_AHB1PeriphClockCmd(RCC_AHB1Periph_GPIOC,ENABLE);
8.          RCC_APB2PeriphClockCmd(RCC_APB2Periph_ADC1,ENABLE);
9.
10.         GPIO_TypeDefStructure.GPIO_Pin = GPIO_Pin_4;
11.         GPIO_TypeDefStructure.GPIO_Mode = GPIO_Mode_AN;        //模拟输入
12.         GPIO_TypeDefStructure.GPIO_PuPd = GPIO_PuPd_NOPULL;    //无上下拉电阻
```

```
13.        GPIO_Init(GPIOC,&GPIO_TypeDefStructure);
14.
15.
16.        /************ADC 通道设置***************************/
17.        //独立模式
18.        ADC_CommonTypeDefStructure.ADC_Mode = ADC_Mode_Independent;
19.        //两个采样阶段 5 个时钟
20.        ADC_CommonTypeDefStructure.ADC_TwoSamplingDelay = ADC_TwoSamplingDelay_
5Cycles;
21.        //DMA 传输失能
22.        ADC_CommonTypeDefStructure.ADC_DMAAccessMode = ADC_DMAAccessMode_
Disabled;
23.        //预分频，4 分频    ADCCLK = APB2CLK/4 = 84/4 = 21 MHz
24.        ADC_CommonTypeDefStructure.ADC_Prescaler = ADC_Prescaler_Div4;
25.        ADC_CommonInit(&ADC_CommonTypeDefStructure);
26.
27.
28.        /**********ADC 设置**************************/
29.        //ADC 精度 12 位
30.        ADC_TypeDefStructure.ADC_Resolution = ADC_Resolution_12b;
31.        //非扫描
32.        ADC_TypeDefStructure.ADC_ScanConvMode = DISABLE;
33.        //非连续转换
34.        ADC_TypeDefStructure.ADC_ContinuousConvMode = DISABLE;
35.        //禁止触发检测
36.        ADC_TypeDefStructure.ADC_ExternalTrigConvEdge = ADC_ExternalTrigConvEdge_
None;
37.        //转换结果右对齐
38.        ADC_TypeDefStructure.ADC_DataAlign = ADC_DataAlign_Right;
39.        //设置 ADC 转换序列中仅包含一次转换
40.        ADC_TypeDefStructure.ADC_NbrOfConversion = 1;
41.        ADC_Init(ADC1,&ADC_TypeDefStructure);
42.
43.        ADC_Cmd(ADC1,ENABLE);
44.
45.    }
```

2. 获取 ADC 转换数值

```
1.     uint16_t Get_ADC(uint8_t ch)
2.     {
3.         //ADCX,ADC 通道,规则序列, 采样时间
```

```
4.          ADC_RegularChannelConfig(ADC1,ch,1,ADC_SampleTime_480Cycles);
5.          //开启软件 ADC1 功能
6.          ADC_SoftwareStartConv(ADC1);
7.          //等待转换结束
8.          while(ADC_GetFlagStatus(ADC1,ADC_FLAG_EOC) == RESET);
9.
10.         return ADC_GetConversionValue(ADC1);    //返回最近一次转换结果
11.     }
```

3. 主函数

```
1.      int main(void)
2.      {
3.          uint16_t adcx;
4.          float temp;
5.
6.          LED_Hardware_Init();         //LED 初始化
7.          Delay_Init();                //延时初始化
8.          NVIC_PriorityGroupConfig(NVIC_PriorityGroup_2);   //设置系统中断优先级分组 2
9.          LCD_Configure();             //初始化 LCD 接口
10.         GUI_DrawFont32(32,0,BLACK,WHITE,0,8,0);           //百科荣创（北京）
11.         GUI_DrawFont32_2(24,32,BLACK,WHITE,0,8,0);        //科技发展有限公司
12.         ADC_Hardware_Init();         //初始化 ADC
13.         POINT_COLOR=RED;
14.         LCD_ShowString(60,100,200,16,16,"ADC TEST");
15.         POINT_COLOR=BLUE;            //设置字体为蓝色
16.         LCD_ShowString(30,130,200,16,16,"ADC1_CH0_VAL:");
17.         LCD_ShowString(30,150,200,16,16,"ADC1_CH0_VOL:0.000V");
                                         //先在固定位置显示小数点
18.
19.         while(1)
20.         {
21.             adcx=Get_Adc_Average(ADC_Channel_14,20);   //获取通道 14 的转换值,
                                         //20 次取平均
22.             LCD_ShowxNum(134,130,adcx,5,16,0);  //显示 ADCC 采样后的原始值
23.             temp=(float)adcx*(3.3/4096)*2;      //获取计算后的带小数的
                                         //实际电压值,比如 3.1111
24.             adcx=temp;    //赋值整数部分给 adcx 变量,因为 adcx 为 uint16_t 整形
25.             LCD_ShowxNum(134,150,adcx,1,16,0);  //显示电压值的整数部分,
                                         //3.1111 在这里显示 3
26.             temp-=adcx;   //把已经显示的整数部分去掉,留下小数部分,比如
                                         //3.1111-3=0.1111
```

笔 记

27.	temp * = 1000;
	//小数部分乘以 1000，例如：0.1111 就转换为 111.1，相当于保留三位小数
28.	LCD_ShowxNum(150,150,temp,3,16,0X80);
	//显示小数部分（前面转换为了整形显示），这里显示的就是 111
29.	LED0_TOGGLE();
30.	Delay_ms(250);
31.	
32.	}
33.	}

15.3.3 功能测试

15.3.3 功能
测试

  本项目通过设置开发板的 ADC，采集模拟信号进行数字量化，并在 LCD 显示终端实时显示，代码编译成功后（0 Error，0 Warning），使用 J-LINK 连接开发板和计算机，下载程序并复位查看，当结果与预期一致则说明项目成功：开发板的摇杆即为 ADC 采集引脚，LCD 显示终端实时显示采集后转化的数值，左摇摇杆，LCD 显示终端实时显示"ADC1_CH0_VAL"数值增大，最大至 4096；右摇摇杆，LCD 显示终端实时显示"ADC1_CH0_VAL"数值减小，最小至 0，如图 15-4 所示。

图 15-4　程序运行结果

15.4 项目总结

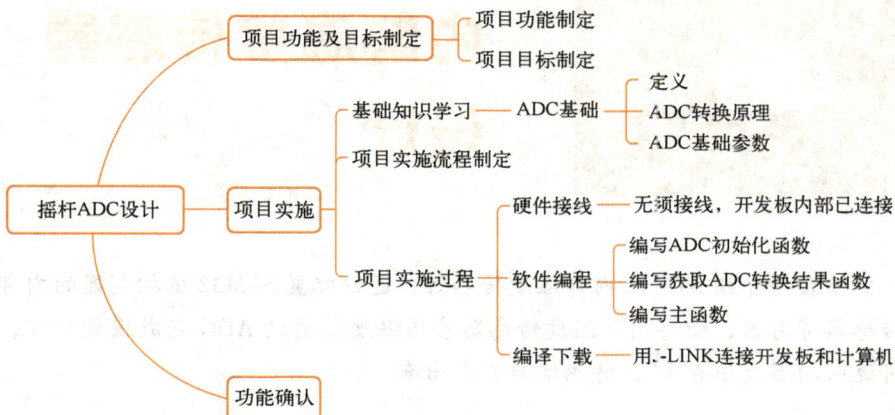

习题

1. 依据 ADC 模数转换实验，尝试配置多路 ADC 通道，采集电压。
2. 简述 STM32F407 系列微控制器 ADC 资源。
3. STM32 的 ADC 功能在生活中有哪些应用？

项目 16　内部温度传感器设计

笔 记

本项目将介绍 STM32 内部温度传感器，通过配置 STM32 微控制器的内部温度传感器寄存器，使得内部温度传感器采集温度并通过 ADC 完成模数转化，同时将返回的温度值在 LCD 终端实时显示出来。

16.1　项目目标

1）学习 STM32 内部温度传感器采集相关内容，掌握内部温度传感器温度转换公式。

2）能编程实现内部温度传感器采集温度并通过 ADC 模数转化，同时将返回的温度值在 LCD 终端显示。

3）通过该项目提高分析和解决硬件设计和开发中遇到的问题的能力。

了解 STM32 微控制器相关内部温度传感器基础知识，调用相关库函数配置 STM32 微控制器 ADC，采集内部温度传感器返回的温度值。

16.2　项目基础知识

16.2.1　内部温度传感器简介

STM32F4 有一个内部的温度传感器，可以用来测量 CPU 及周围的温度（TA）。该温度传感器在内部和 ADC1＿IN16（STM32F40xx/F41xx 系列）或 ADC1_IN18（STM32F42xx/F43xx 系列）输入通道相连接，此通道把传感器输出的电压转换成数字值。STM32F4 的内部温度传感器支持的温度范围为−40～125℃，精度为±1.5℃。

16.2.2　内部温度传感器的使用

STM32F4 内部温度传感器的使用，除需要设置内部 ADC（参考 ADC 实验），还需激活其内部温度传感器通道，具体操作如下。

1. 激活 ADC 的内部通道

要使用 STM32F4 的内部温度传感器，必须先激活 ADC 的内部通道，通过 ADC_CCR 的 TSVREFE 位（bit23）设置。设置该位为 1 则启用内部温度传感器。

```
1.    //使能温度传感器和 VREFINT 通道
2.    ADC_TempSensorVrefintCmd(ENABLE);
```

2. 读取通道 16 的 AD 值并计算

STM32F407ZET6 的内部温度传感器固定的连接在 ADC1 的通道 16 上，所以，在设置好 ADC1 之后，只要读取通道 16 的值，就是温度传感器返回来的电压值了。根据这个值，就可以计算出当前温度。计算公式为

$$T(℃) = \{(Vsense - V25)/Avg\_Slope\} + 25$$

式中，V25 为 Vsense 在 25℃时的数值（典型值为 0.76）。Avg_Slope，为温度与 Vsense 曲线的平均斜率（单位为 mv/℃ 或 uv/℃，典型值为 2.5 mV/℃）。

16.3　项目实施

16.3.1　项目实施流程

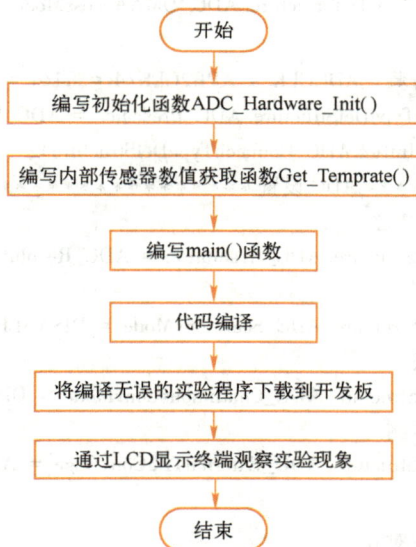

开始

编写初始化函数ADC_Hardware_Init()

编写内部传感器数值获取函数Get_Temprate()

编写main()函数

代码编译

将编译无误的实验程序下载到开发板

通过LCD显示终端观察实验现象

结束

16.3.2　程序编写

1. 初始化函数

```
1.      void ADC_Hardware_Init(void)
2.      {
3.          GPIO_InitTypeDef GPIO_TypeDefStructure;
4.          ADC_InitTypeDef ADC_TypeDefStructure;
5.          ADC_CommonInitTypeDef ADC_CommonTypeDefStructure;
6.
7.          RCC_AHB1PeriphClockCmd(RCC_AHB1Periph_GPIOA,ENABLE);
8.          RCC_APB2PeriphClockCmd(RCC_APB2Periph_ADC1,ENABLE);
9.
10.         GPIO_TypeDefStructure.GPIO_Pin = GPIO_Pin_5;
11.         GPIO_TypeDefStructure.GPIO_Mode = GPIO_Mode_AN;          //模拟输入
12.         GPIO_TypeDefStructure.GPIO_PuPd = GPIO_PuPd_NOPULL;      //无上下拉
13.         GPIO_Init(GPIOA,&GPIO_TypeDefStructure);
14.
15.         /***********ADC 通道设置***************************/
16.         //独立模式
17.         ADC_CommonTypeDefStructure.ADC_Mode = ADC_Mode_Independent;
18.         //两个采样阶段 5 个时钟
19.         ADC_CommonTypeDefStructure.ADC_TwoSamplingDelay = ADC_TwoSamplingDelay_
    5Cycles;
20.         //DMA 传输失能
21.         ADC_CommonTypeDefStructure.ADC_DMAAccessMode = ADC_DMAAccessMode_
    Disabled;
22.         //预分频 4 分频    ADCCLK = APB2CLK/4 = 84/4 = 21MHz；
23.         ADC_CommonTypeDefStructure.ADC_Prescaler = ADC_Prescaler_Div4;
24.         ADC_CommonInit(&ADC_CommonTypeDefStructure);
25.         /***********ADC 设置***************************/
26.         //ADC 精度 12 位
27.         ADC_TypeDefStructure.ADC_Resolution = ADC_Resolution_12b;
28.         //非扫描
29.         ADC_TypeDefStructure.ADC_ScanConvMode = DISABLE;
30.         //非连续转换
31.         ADC_TypeDefStructure.ADC_ContinuousConvMode = DISABLE;
32.         //禁止触发检测
33.         ADC_TypeDefStructure.ADC_ExternalTrigConvEdge = ADC_ExternalTrigConvEdge_
    None;
34.         //转换结果右对齐
35.         ADC_TypeDefStructure.ADC_DataAlign = ADC_DataAlign_Right;
```

```
36.          //1 个转换在序列规则中
37.          ADC_TypeDefStructure. ADC_NbrOfConversion = 1;
38.          ADC_Init( ADC1 ,&ADC_TypeDefStructure);
39.          //使能温度传感器和 VREFINT 通道
40.          ADC_TempSensorVrefintCmd( ENABLE);
41.          //使能 ADC1
42.          ADC_Cmd( ADC1 ,ENABLE);
43.      }
```

2. 得到内部温度的值

```
1.       short Get_Temprate( void)
2.       {
3.           uint32_t adcx;
4.           short result;
5.           double temperate;
6.           adcx = Get_Adc_Average( ADC_Channel_16,10);
             //读取通道 16 内部温度传感器通道, 10 次取平均
7.           temperate = ( float) adcx * ( 3. 3/4096);        //电压值
8.           temperate = ( ( temperate−0. 76)/0. 0025) + 25;  //转换为温度值
9.
10.          result = temperate * = 100;                      //扩大 100 倍
11.          return result;
12.      }
```

3. 主函数

```
1.       int main( void)
2.       {
3.           short temp;
4.
5.           LED_Hardware_Init( );        //LED 初始化
6.           Delay_Init( );               //延时初始化
7.           NVIC_PriorityGroupConfig( NVIC_PriorityGroup_2);//设置系统中断优先级分组 2
8.           LCD_Configure( );            //初始化 LCD 接口
9.           GUI_DrawFont32( 32, 0,BLACK, WHITE, 0,8, 0);         //百科荣创（北京）
10.          GUI_DrawFont32_2( 24, 32,BLACK, WHITE, 0, 8, 0);   //科技发展有限公司
11.          ADC_Hardware_Init( );        //初始化 ADC
12.          POINT_COLOR=RED;
13.          LCD_ShowString( 30,100,200,16,16,"Temperature TEST" );
14.          POINT_COLOR=BLUE;            //设置字体为蓝色
```

笔 记

```
15.            LCD_ShowString(30,140,200,16,16,"TEMPERATURE：00.00"）；
                                           //先在固定位置显示小数点
16.            GUI_DrawFonts16(168,140,BLACK, WHITE, 15,16, 0,Text16)；
17.
18.        while（1）
19.        {
20.            uint8_t tp[5]；
21.            temp = Get_Temprate()；        //得到温度值
22.            if(temp<0)
23.            {
24.                temp=-temp；
25.                LCD_ShowString(30+10 * 8,140,16,16,16,"-")；  //显示负号
26.            }
27.            else
28.                LCD_ShowString(30+10 * 8,140,16,16,16," ")；  //无符号
29.
30.            tp[0] = temp % 10000 /1000 + 0x30；
31.            tp[1] = temp % 1000 /100 + 0x30；
32.            tp[2] = '.'；
33.            tp[3] = temp % 100 /10 + 0x30；
34.            tp[4] = temp % 10 /1 + 0x30；
35.
36.            LCD_ShowString(30+11 * 8,140,16 * 3,16,16,tp)；
37.
38.            LED0_TOGGLE()；
39.            Delay_ms(500)；
40.        }
41.    }
```

16.3.3　功能测试

本项目通过设置开发板的 ADC，采集内部温度传感器返回的温度值，并发送到 LCD 显示板载终端显示，代码编译成功后（0 Error，0 Warning），使用 J-LINK 连接开发板和计算机，下载程序并复位查看，当结果与预期一致则说明项目成功：LCD 显示字样"Temperature TEST"和"TEMPERA-TURE：温度值"，如图 16-1 所示。

Temperature TEST
TEMPERATURE: 33.59℃

图 16-1　程序运行结果

16.4　项目总结

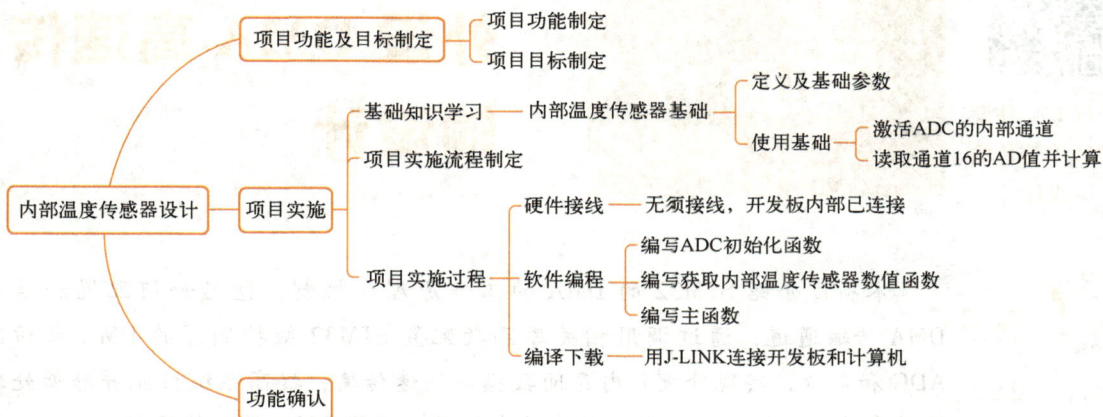

习题

1. 依据内部温度传感器实验，设计高温报警系统。
2. 简述实现开发板内部温度传感器温度采集并成功显示的流程。

项目 17 | 外设 DMA 高速传输设计

笔记

本项目介绍 STM32 的 DMA 的工作原理和机制，包括如何配置和启动 DMA 传输通道，通过调用相关库函数配置 STM32 微控制器的 DMA 来访问 ADC 和串口，实现外设和内存间数据的高速传输，提高系统性能并降低处理器的负载。通过本项目的学习，读者将深入理解 DMA 的工作原理，并学会如何有效利用 DMA 的传输功能，从而在数据处理和外设交互方面实现更好的性能和效果。

17.1 项目目标

1）学习 DMA 的工作原理，理解 DMA 的作用，掌握 STM32DMA 的配置及使用方法。

2）能通过 DMA 编程实现外设间数据的高速传输。

3）在实际项目中，培养终身学习的习惯，不断更新自己的技术知识和技能。

了解 STM32 微控制器相关 DMA 寄存器的配置方法，调用相关库函数配置 STM32 微控制器 DMA，访问 ADC 和串口。

17.2 项目基础知识

17.2.1 DMA 简介

直接存储器访问（Direct Memory Access，DMA）的传输方式无须 CPU 直接控制传输，也没有中断处理方式那样保留现场和恢复现场的过程，通过硬件为 RAM 与 I/O 设备开辟一条直接传送数据的通路，能使 CPU 的效率大为提高。

STM32F4 最多有 2 个 DMA 控制器（DMA1 和 DMA2），共 16 个数据流（每个控制器 8 个），每一个 DMA 控制器都用于管理一个或多个外设的存储器访问请求。每个数据流可以有多达 8 个通道（或称请求）。每个数据流通道都有一个仲裁器，用于处理 DMA 请求间的优先级。

STM32F4 的 DMA 有以下一些特性。

1）双 AHB 主总线架构，一个用于存储器访问，另一个用于外设访问。

2）仅支持 32 位访问的 AHB 从编程接口。

3）每个 DMA 控制器有 8 个数据流，每个数据流有多达 8 个通道（或称请求）。

4）每个数据流有单独的四级 32 位先进先出存储器缓冲区（FIFO），可用于 FIFO 模式或直接模式。

5）通过硬件可以将每个数据流配置为：

● 支持外设到存储器、存储器到外设和存储器到存储器传输的常规通道。

● 支持在存储器方双缓冲的双缓冲区通道。

6）8 个数据流中的每一个都连接到专用硬件 DMA 通道（请求）。

7）DMA 数据流请求之间的优先级可用软件编程（四个级别：非常高、高、中、低），在软件优先级相同的情况下可以通过硬件决定优先级（例如，请求 0 的优先级高于请求 1）。

8）每个数据流也支持通过软件触发存储器到存储器的传输（仅限 DMA2 控制器）。

9）可供每个数据流选择的通道请求多达八个。此选择可由软件配置，允许几个外设启动 DMA 请求。

10）要传输的数据项的数目可以由 DMA 控制器或外设控制器管理。

● DMA 控制器：要传输的数据项的数目是 1~65535，可用软件编程。

● 外设控制器：要传输的数据项的数目未知并由源或目标外设控制，这些外设通过硬件发出传输结束的信号。

11）独立的源和目标传输宽度（字节、半字、字）：源和目标的数据宽度不相等时，DMA 自动封装/解封必要的传输数据来优化带宽。这个特性仅在 FIFO 模式下可用。

12）对源和目标的增量或非增量寻址。

13）支持 4 个、8 个和 16 个节拍的增量突发传输。突发增量的大小可由软件配置，通常等于外设 FIFO 大小的一半。

14）每个数据流都支持循环缓冲区管理。

15）五个事件标志（DMA 半传输、DMA 传输完成、DMA 传输错误、DMA FIFO 错误、直接模式错误），进行逻辑或运算，从而产生每个数据流的单个中断请求。

17.2.2　DMA 的传输

　　STM32F4 有两个 DMA 控制器，DMA1 和 DMA2，本节仅针对 DMA2 进行介绍。

　　DMA 控制器框图如图 17-1 所示。DMA 控制器执行直接存储器传输，因为采用 AHB 主总线，它可以控制 AHB 总线矩阵来启动 AHB 事务。

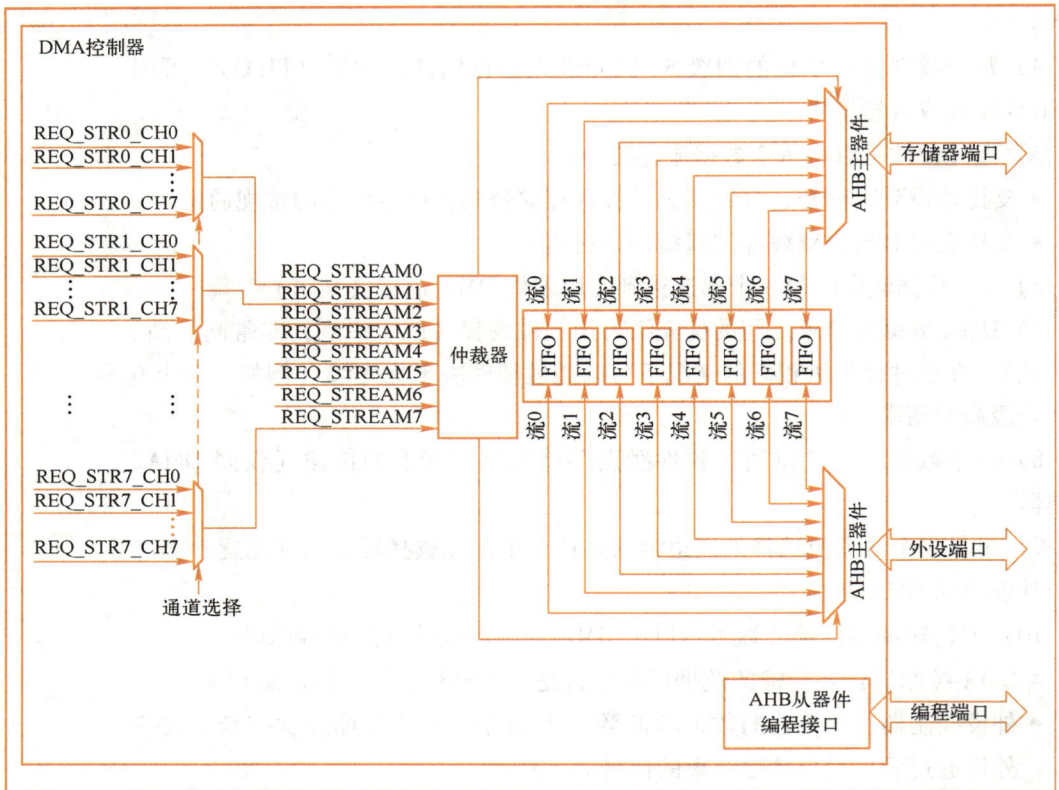

图 17-1　DMA 控制器框图

　　它的功能如下。

　　1）外设到存储器的传输。

　　2）存储器到外设的传输。

　　3）存储器到存储器的传输。

> **注意：** 存储器到存储器的存储需要通过外设接口，而仅 DMA2 的外设接口可以访问存储器，所以仅 DMA2 控制器支持存储器到存储器的传输，DMA1 不支持。

17.2.3 DMA 数据流通道选择

数据流的多通道选择是通过 DMA_SxCR 寄存器控制的，如图 17-2 所示。

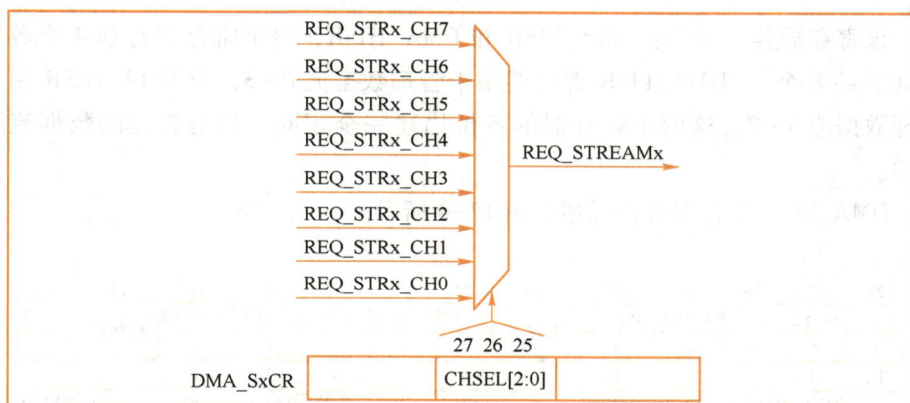

图 17-2 DMA 数据流通道选择

从图 17-2 可以看出，DMA_SxCR 控制数据流到底使用哪一个通道，每个数据流有 8 个通道可供选择，每次只能选择其中一个通道进行 DMA 传输。

DMA2 的各数据流通道映射如图 17-3 所示。

外设请求	数据流0	数据流1	数据流2	数据流3	数据流4	数据流5	数据流6	数据流7
通道0	ADC1		TIM8_CH1 TIM8_CH2 TIM8_CH3		ADC1		TIM1_CH1 TIM1_CH2 TIM1_CH3	
通道1		DCMI	ADC2	ADC2		SPI6_TX[1]	SPI6_RX[1]	DCMI
通道2	ADC3	ADC3		SPI5_RX[1]	SPI5_TX[1]	CRYP_OUT	CRYP_IN	HASH_IN
通道3	SPI1_RX		SPI1_RX	SPI1_TX		SPI1_TX		
通道4	SPI4_RX[1]	SPI4_TX[1]	USART1_RX	SDIO		USART1_RX	SDIO	USART1_TX
通道5		USART6_RX	USART6_RX	SPI4_RX[1]	SPI4_TX[1]		USART6_TX	USART6_TX
通道6	TIM1_TRIG	TIM1_CH1	TIM1_CH2	TIM1_CH1	TIM1_CH4 TIM1_TRIG TIM1_COM	TIM1_UP	TIM1_CH3	
通道7		TIM8_UP	TIM8_CH1	TIM8_CH2	TIM8_CH3	SPI5_RX[1]	SPI5_TX[1]	TIM8_CH4 TIM8_TRIG TIM8_COM

图 17-3 各数据流通道映射

图 17-3 列出了 DMA2 所有可能的选择情况，共 64 种组合，比如此次实验要实现串口 1 的 DMA 发送，即 USART1_TX，就必须选择 DMA2 的数据流 7、通道 4，来进行 DMA 传输。有的外设（如 USART1_RX）可能有多个通道选择。

17.2.4 相关寄存器

1. DMA 中断状态寄存器

该寄存器共有两个：DMA_LISR 和 DMA_HISR，每个寄存器管理 4 个数据流（总共 8 个），DMA_LISR 寄存器用于管理数据流 0~3，而 DMA_HISR 用于管理数据流 4~7。这两个寄存器的各位描述完全相同，只是管理的数据流不一样。

DMA_LISR 寄存器各位描述如图 17-4 所示。

31	30	29	28	27	26	25	24	23	22	21	20	19	18	17	16
寄存器				TCIF3	HTIF3	TEIF3	DMEIF3	寄存器	FEIF3	TCIF2	HTIF2	TEIF2	DMEIF2	寄存器	FEIF2
r	r	r	r	r	r	r	r		r	r	r	r	r		r

15	14	13	12	11	10	9	8	7	6	5	4	3	2	1	0
寄存器				TCIF1	HTIF1	TEIF1	DMEIF1	寄存器	FEIF1	TCIF0	HTIF0	TEIF0	DMEIF0	寄存器	FEIF0
r	r	r	r	r	r	r	r		r	r	r	r	r		r

位31:28、15:12 保留，必须保持复位值。

位27、21、11、5 TCIFx：数据流x传输完成中断标志(Stream x transfer complete interrupt flag)(x=3…0)
此位将由硬件置1，由软件清零，软件只需将1写入DMA_LIFCR寄存器的相应位。
0：数据流x上无传输完成事件
1：数据流x上发生传输完成事件

位26、20、10、4 HTIFx：数据流x半传输中断标志(Stream x half transfer interrupt flag)(x=3…0)
此位将由硬件置1，由软件清零，软件只需将1写入DMA_LIFCR寄存器的相应位。
0：数据流x上无半传输事件
1：数据流x上发生半传输事件

位25、19、9、3 TEIFx：数据流x传输错误中断标志(Stream x transfer error interrupt flag)(x=3…0)
此位将由硬件置1，由软件清零，软件只需将1写入DMA_LIFCR寄存器的相应位。
0：数据流x上无传输错误
1：数据流x上发生传输错误

位24、18、8、2 DMEIFx：数据流x直接模式错误中断标志(Stream x direct mode error interrupt flag)(x=3…0)
此位将由硬件置1，由软件清零，软件只需将1写入DMA_LIFCR寄存器的相应位。
0：数据流x上无直接模式错误
1：数据流x上发生直接模式错误

位23、17、7、1 保留，必须保持复位值。

位22、16、6、0 FEIFx：数据流x FIFO错误中断标志(Stream x FIFO error interrupt flag)(x=3…0)
此位将由硬件置1，由软件清零，软件只需将1写入DMA_LIFCR寄存器的相应位。
0：数据流x上无FIFO错误事件
1：数据流x上发生FIFO错误事件

图 17-4　DMA_LISR 寄存器

如果开启了 DMA_LISR 中这些位对应的中断，则在达到条件后就会跳到中断服务函数里面去，即使没开启，也可以通过查询这些位来获得当前 DMA 传输的状态。这里常用的是 TCIFx 位，即数据流 x 的 DMA 传输完成与否标志。注意此寄存器为只读寄存器，所以在这些位被置位之后，只能通过其他的操作来清除。DMA_HISR 寄存器各位描述同 DMA_LISR 寄存器各位描述完全一样，只是对应数据流 4~7，这里就不列出来了。

2. DMA 中断标志清除寄存器

该寄存器同样有两个：DMA_LIFCR 和 DMA_HIFCR，同样是每个寄存器控制四个数据流，DMA_LIFCR 寄存器用于管理数据流 0~3，而 DMA_HIFCR 用于管理数据流 4~7。这两个寄存器的各位描述都完全相同，只是管理的数据流不一样。

DMA_LIFCR 寄存器各位描述如图 17-5 所示。

31	30	29	28	27	26	25	24	23	22	21	20	19	18	17	16
寄存器				CTCIF3	CHTIF3	CTEIF3	CDMEIF3	寄存器	CFEIF3	CTCIF2	CHTIF2	CTEIF2	CDMEIF2	寄存器	CFEIF2
				w	w	w	w		w	w	w	w	w		w
15	14	13	12	11	10	9	8	7	6	5	4	3	2	1	0
寄存器				CTCIF1	CHTIF1	CTEIF1	CDMEIF1	寄存器	CFEIF1	CTCIF0	CHTIF0	CTEIF0	CDMEIF0	寄存器	CFEIF0
				w	w	w	w		w	w	w	w	w		w

位31:28、15:12保留，必须保持复位值。

位27、21、11、5 CTCIFx：数据流x传输完成中断标志清零(Stream x clear transfer complete interrupt flag)(x=3…0)
将1写入此位时，DMA_LISR寄存器中相应的TCIFx标志将清零

位26、20、10、4 CHTIFx：数据流x半传输中断标志清零(Stream x clear half transfer interrupt flag)(x=3…0)
将1写入此位时，DMA_LISR寄存器中相应的HTIFx标志将清零

位25、19、9、3 CTEIFx：数据流x传输错误中断标志清零(Stream x clear transfer error interrupt flag)(x=3…0)
将1写入此位时，DMA_LISR寄存器中相应的TEIFx标志将清零

位24、18、8、2 CDMEIFx：数据流x直接模式错误中断标志清零(Stream x clear direct mode error interrupt flag)(x=3…0)
将1写入此位时，DMA_LISR寄存器中相应的DMEIFx标志将清零

位23、17、7、1保留，必须保持复位值。

位22、16、6、0 CFEIFx：数据流x FIFO错误中断标志清零(Stream x clear FIFO error interrupt flag)(x=3…0)
将1写入此位时，DMA_LISR寄存器中相应的CFEIFx标志将清零

图 17-5　DMA_LIFCR 寄存器

DMA_LIFCR 的各位就是用来清除 DMA_LISR 的对应位的，通过写 1 清除。在 DMA_LISR 被置位后，必须通过向该位寄存器对应的位写入 1 来清除。DMA_HIFCR 的使用同 DMA_LIFCR 类似，不多赘述。

17.3 项目实施

17.3.1 项目实施流程

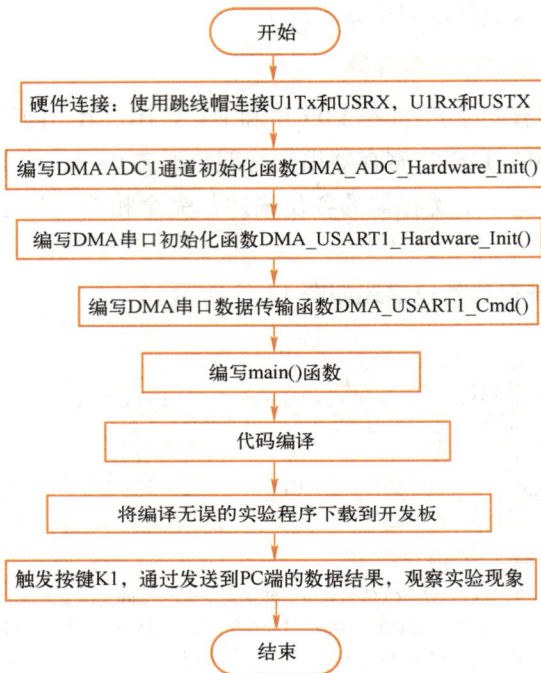

```
┌──────────┐
│   开始   │
└──────────┘
     │
硬件连接：使用跳线帽连接U1Tx和USRX，U1Rx和USTX
     │
编写DMA ADC1通道初始化函数DMA_ADC_Hardware_Init()
     │
编写DMA串口初始化函数DMA_USART1_Hardware_Init()
     │
编写DMA串口数据传输函数DMA_USART1_Cmd()
     │
编写main()函数
     │
代码编译
     │
将编译无误的实验程序下载到开发板
     │
触发按键K1，通过发送到PC端的数据结果，观察实验现象
     │
┌──────────┐
│   结束   │
└──────────┘
```

17.3.2 程序编写

1. DMA 初始化函数（ADC1 通道）

```
1.      void DMA_ADC_Hardware_Init(void)
2.      {
3.          static DMA_InitTypeDef DMA_InitStructure;
4.          //开启时钟
5.          RCC_AHB1PeriphClockCmd(RCC_AHB1Periph_DMA2, ENABLE);
6.
7.          //ADC1 初始化配置
8.          ADC_Hardware_Init();
9.
10.         //等待 DMA 可以配置
11.         while(DMA_GetCmdStatus(DMA2_Stream0)!=DISABLE);
12.
```

13.	//选择传输通道 0
14.	DMA_InitStructure. DMA_Channel = DMA_Channel_0;
15.	//选择传输方式，数据由外设传输到内存
16.	DMA_InitStructure. DMA_DIR = DMA_DIR_PeripheralToMemory;
17.	//选择传输数据外设的地址
18.	DMA_InitStructure. DMA_PeripheralBaseAddr = （uint32_t）&ADC1->DR;
19.	//选择传输数据内存 0 的地址
20.	DMA_InitStructure. DMA_Memory0BaseAddr = （uint32_t）&adcx;
21.	//DMA 缓冲器大小
22.	DMA_InitStructure. DMA_BufferSize = 1;
23.	//外设寄存器地址不递增
24.	DMA_InitStructure. DMA_PeripheralInc = DMA_PeripheralInc_Disable;
25.	//内存地址不递增
26.	DMA_InitStructure. DMA_MemoryInc = DMA_MemoryInc_Disable;
27.	//外设单个数据的位宽，长度 16 位
28.	DMA_InitStructure. DMA_PeripheralDataSize = DMA_PeripheralDataSize_HalfWord;
29.	//内存单个数据的位宽，长度 16 位
30.	DMA_InitStructure. DMA_MemoryDataSize = DMA_MemoryDataSize_HalfWord;
31.	//DMA 运行模式，持续传输
32.	DMA_InitStructure. DMA_Mode = DMA_Mode_Circular;
33.	//DMA 优先级
34.	DMA_InitStructure. DMA_Priority = DMA_Priority_High;
35.	//关闭 FIFO 模式
36.	DMA_InitStructure. DMA_FIFOMode = DMA_FIFOMode_Disable;
37.	//FIFO 阈值
38.	DMA_InitStructure. DMA_FIFOThreshold = DMA_FIFOThreshold_HalfFull;
39.	//内存突发传输每次转移单个数据
40.	DMA_InitStructure. DMA_MemoryBurst = DMA_MemoryBurst_Single;
41.	//外设突发传输每次转移单个数据
42.	DMA_InitStructure. DMA_PeripheralBurst = DMA_PeripheralBurst_Single;
43.	//初始化 DMA2 配置，通道 0 数据流 0 连接的是 ADC1
44.	DMA_Init（DMA2_Stream0, &DMA_InitStructure）;
45.	
46.	//开启 DMA2 数据流 0 传输
47.	DMA_Cmd（DMA2_Stream0,ENABLE）;
48.	
49.	//ADCX，ADC 通道，规则序列，采样时间
50.	ADC_RegularChannelConfig（ADC1, ADC_Channel_5, 1, ADC_SampleTime_480Cycles）;
51.	//开启软件 ADC1 功能
52.	ADC_SoftwareStartConv（ADC1）;
53.	//源数据变化时开启 DMA 传输
54.	ADC_DMARequestAfterLastTransferCmd（ADC1,ENABLE）;

笔 记

55.	//使能 ADC1 的 DMA 传输
56.	ADC_DMACmd（ADC1，ENABLE）;
57.	}

2. DMA 初始化函数（USART1_TX 通道）

1.	**void** DMA_USART1_Hardware_Init（uint32_t baudrate）
2.	{
3.	**static** DMA_InitTypeDef DMA_InitStructure;
4.	//开启时钟
5.	RCC_AHB1PeriphClockCmd（RCC_AHB1Periph_DMA2, ENABLE）;
6.	
7.	//串口 1 初始化
8.	USART1_Hardware_Init（baudrate）;
9.	
10.	//等待 DMA 可以配置
11.	**while**（DMA_GetCmdStatus（DMA2_Stream7）!=DISABLE）;
12.	
13.	//选择传输通道 4
14.	DMA_InitStructure. DMA_Channel = DMA_Channel_4;
15.	//选择传输方式，数据由外设传输到内存
16.	DMA_InitStructure. DMA_DIR = DMA_DIR_MemoryToPeripheral;
17.	//选择传输数据外设的地址
18.	DMA_InitStructure. DMA_PeripheralBaseAddr = （uint32_t）&USART1->DR;
19.	//选择传输数据内存 0 的地址
20.	DMA_InitStructure. DMA_Memory0BaseAddr = （uint32_t）&show;
21.	//DMA 缓冲器大小
22.	DMA_InitStructure. DMA_BufferSize = 1;
23.	//外设寄存器地址不递增
24.	DMA_InitStructure. DMA_PeripheralInc = DMA_PeripheralInc_Disable;
25.	//内存地址递增
26.	DMA_InitStructure. DMA_MemoryInc = DMA_MemoryInc_Enable;
27.	//外设单个数据的位宽，长度 8 位
28.	DMA_InitStructure. DMA_PeripheralDataSize = DMA_PeripheralDataSize_Byte;
29.	//内存单个数据的位宽，长度 8 位
30.	DMA_InitStructure. DMA_MemoryDataSize = DMA_MemoryDataSize_Byte;
31.	//DMA 运行模式，正常传输
32.	DMA_InitStructure. DMA_Mode = DMA_Mode_Normal;
33.	//DMA 优先级
34.	DMA_InitStructure. DMA_Priority = DMA_Priority_Medium;
35.	//关闭 FIFO 模式
36.	DMA_InitStructure. DMA_FIFOMode = DMA_FIFOMode_Disable;
37.	//FIFO 阈值

笔　记

```
38.        DMA_InitStructure. DMA_FIFOThreshold = DMA_FIFOThreshold_HalfFull;
39.        //内存突发传输每次转移单个数据
40.        DMA_InitStructure. DMA_MemoryBurst = DMA_MemoryBurst_Single;
41.        //外设突发传输每次转移单个数据
42.        DMA_InitStructure. DMA_PeripheralBurst = DMA_PeripheralBurst_Single;
43.        //初始化 DMA2 配置，通道 4 数据流 7 连接的是 USART1_TX
44.        DMA_Init(DMA2_Stream7, &DMA_InitStructure);
45.    }
```

3. DMA 串口数据传输

```
1.      void DMA_USART1_Cmd(void)
2.      {
3.          //使能串口发送的 DMA 通道
4.          USART_DMACmd(USART1,USART_DMAReq_Tx,ENABLE);
5.          //关闭 USART1 TX DMA1 所指示的通道
6.          DMA_Cmd(DMA2_Stream7, DISABLE );
7.          //DMA 通道的 DMA 缓存的大小
8.          DMA_SetCurrDataCounter(DMA2_Stream7,24);
9.          //开启 USART1 TX DMA1 所指示的通道
10.         DMA_Cmd(DMA2_Stream7, ENABLE);
11.         //等待传输完成
12.         while(1)
13.         {
14.             //等待通道传输完成
15.             if( DMA_GetFlagStatus(DMA2_Stream7,DMA_FLAG_TCIF7)!=RESET)
16.             {
17.                 //清除传输完成标志
18.                 DMA_ClearFlag(DMA2_Stream7,DMA_FLAG_TCIF7);
19.
20.                 break;
21.             }
22.             //闪烁 LED1 表示正在传输
23.             LED1_TOGGLE();
24.             //延时
25.             Delay_ms(1);
26.         }
27.         //熄灭 LED1 表示程序执行完成
28.         LED1(0);
29.     }
```

4. 主函数

```
1.      int main(void)
2.      {
```

```
3.      uint8_t key = 0;                              //定义变量
4.      //配置优先级组别 0
5.      NVIC_PriorityGroupConfig( NVIC_PriorityGroup_0 );
6.      Delay_Init( );                                //延时初始化
7.      LED_Hardware_Init( );                         //LED 初始化
8.      Key_Hardware_Init( );                         //按键初始化
9.      DMA_ADC_Hardware_Init( );                     //DMA 初始化（外设到内存）
10.     /****************************************
11.     数据从 ADC->DR 外设传输到 adcx 变量，连续传输
12.     ****************************************/
13.     DMA_USART1_Hardware_Init( 115200 );   //DMA 初始化（内存到外设）
14.     /****************************************
15.     数据从 show[ ]数组内存传输到 USART1->DR 外设，按键传输
16.     ****************************************/
17.     while( 1 )
18.     {
19.         //检测按键
20.         key = Key_Scan( 1 );
21.         //判断按键
22.         switch( key )
23.         {
24.             //按键 KEY1 按下
25.             case 1 :
26.                 sprintf ( show," ADC:%4d\nVOL:%. 2fV\n\n\n\n", adcx,( float)
                    ( adcx ) * 3. 3f/4096 );
27.             //使用 DMA 传输 show[ ]的数据
28.                 DMA_USART1_Cmd( );
29.             //延时
30.                 Delay_ms( 500 );
31.                 break;
32.             //其他
33.             default：
34.                 break;
35.         }
36.     }
37.     }
```

17.3.3 功能测试

　　本项目通过配置 DMA，利用 DMA 的传输功能实现外设间数据的高速传输，代码编译成功后（0 Error，0 Warning），使用 J-LINK 连接开发板和计算机，下载程序并复位查看，当结果与预期一致，则说明项目成功：按下按键 K1，通过

DMA 将数据传输到 USART1 外设并将数据打印出来，在 PC 端串口助手界面上显示电压数据，如图 17-6 所示。

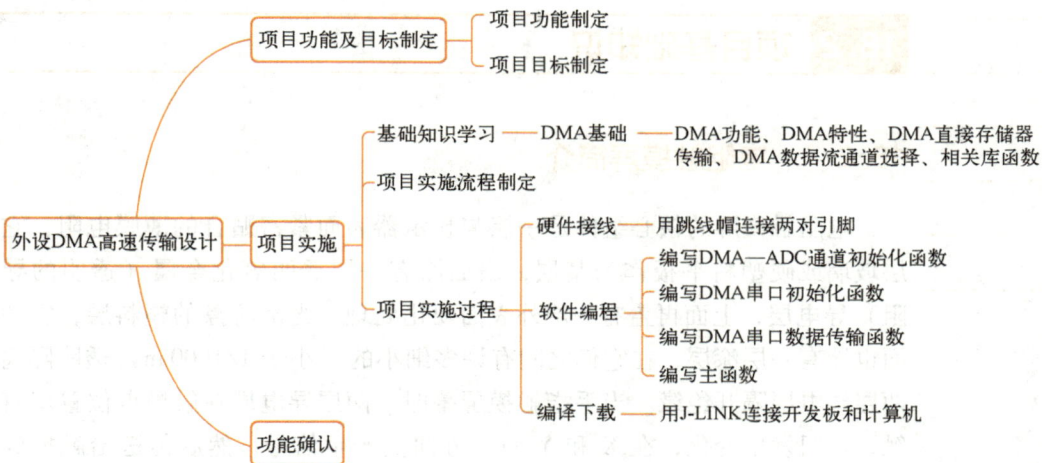

图 17-6　程序运行结果

17.4　项目总结

外设DMA高速传输设计
- 项目功能及目标制定
  - 项目功能制定
  - 项目目标制定
- 项目实施
  - 基础知识学习 —— DMA基础 —— DMA功能、DMA特性、DMA直接存储器传输、DMA数据流通道选择、相关库函数
  - 项目实施流程制定
  - 项目实施过程
    - 硬件接线 —— 用跳线帽连接两对引脚
    - 软件编程
      - 编写DMA—ADC通道初始化函数
      - 编写DMA串口初始化函数
      - 编写DMA串口数据传输函数
      - 编写主函数
    - 编译下载 —— 用J-LINK连接开发板和计算机
- 功能确认

习题

1. 请简述 STM32F4 系列微控制器如何实现 DMA（直接内存访问）。
2. STM32F4 系列微控制器的 DMA 有哪些主要特点？
3. STM32 的 DMA 功能在生活中有哪些应用？

项目 18　　LCD 触摸屏设计

本项目将学习如何使用 STM32F4 来驱动电阻触摸屏，TFT-LCD 模块自带的触摸屏控制芯片为 XPT2046，通过本项目学习可实现在屏幕上画画的功能。

18.1　项目目标

1）了解电阻触摸屏工作原理，实现 STM32 驱动电阻触摸屏。

2）能编程实现 LCD 触摸屏设计。

3）养成实时了解行业动态的好习惯，跟踪最新的硬件技术和发展趋势。

了解 STM32 微控制器相关 GPIO 寄存器，调用相关库函数配置 STM32 微控制器 GPIO，驱动电阻触摸屏。

18.2　项目基础知识

18.2.1　电阻触摸屏简介

电阻触摸屏的核心组件是一层与显示器表面紧密贴合的薄膜电阻，它以一层玻璃或硬塑料平板作为基层，表面涂有一层透明氧化金属（透明的导电电阻）导电层，上面再盖有一层外表面硬化处理、光滑防擦的塑料层，它的内表面也涂有一层涂层，在它们之间有许多细小的（小于 1/1000 in）透明隔离点把两层导电层隔开绝缘。当手指触摸屏幕时，两层导电层在触摸点位置就有了接触，电阻发生变化，在 X 和 Y 两个方向上产生信号，然后传送给触摸屏控制器。控制器侦测到这一接触并计算出（X，Y）的位置，再根据获得的位置模拟鼠标的方式运作。这就是电阻触摸屏最基本的原理。

电阻触摸屏的优点：精度高、价格便宜、抗干扰能力强、稳定性好。

电阻触摸屏的缺点：容易被划伤、透光性不太好、不支持多点触摸。

18.2.2　电阻触摸屏控制芯片

从电阻触摸屏结构可知，触摸屏都需要一个 ADC，一般来说是需要一个控制器。在此次实验中开发板板载的 TFT-LCD 模块选择的是四线电阻触摸屏，这种触摸屏的控制芯片有很多，包括 ADS7843、ADS7846、TSC2046、XPT2046 和 AK4182 等。这几款芯片的驱动基本上是一样的，也就是只要写出了 ADS7843 的驱动，这个驱动对其他几个芯片也是有效的。而且封装也有一样的，完全 PIN TO PIN 兼容，所以在替换起来很方便。

TFT-LCD 模块自带的触摸屏控制芯片为 XPT2046，它是一款 4 导线制触摸屏控制器，内含 12 位分辨率 125 kHz 转换速率逐步逼近型 ADC。XPT2046 支持从 1.5~5.25 V 的低电压 I/O 接口。XPT2046 能通过执行两次 A/D 转换查出被按的屏幕位置，除此之外，还可以测量加在触摸屏上的压力。内部自带 2.5 V 参考电压可以作为辅助输入、温度测量和电池监测模式之用，电池监测的电压范围为 0~6 V。XPT2046 片内集成有一个温度传感器。在 2.7 V 的典型工作状态下，关闭参考电压，功耗可小于 0.75 mW。XPT2046 采用微小的封装形式：TSSOP-16、QFN-16（0.75 mm 厚度）和 VFBGA-48。工作温度范围为 -40~+85℃。

XPT2046 是一种典型的逐次逼近型模/数转换器（SAR ADC），其典型应用如图 18-1 所示，具有采样/保持、模数转换、串口数据输出等功能。芯片集成有一个内部参考电压源（V_REF），并具有温度检测电路。XPT2046 工作时可以使用外部时钟（DCLK），其电源电压为 2.7~5 V。

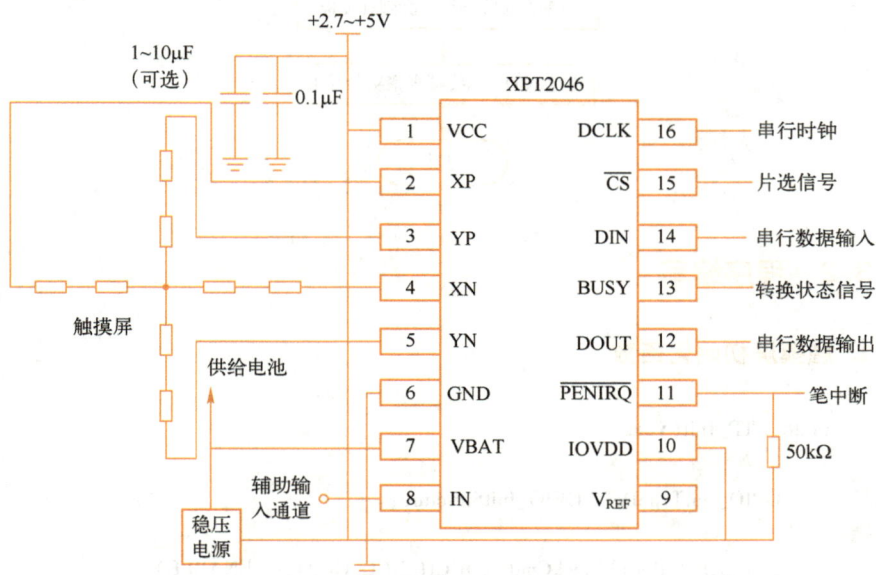

图 18-1 XPT2046 典型应用

该芯片可以单电源供电，参考电压值直接决定 ADC 的输入范围。参考电压可以使用内部参考电压，也可以从外部直接输入 1 V~VCC 范围内的参考电压

（要求外部参考电压源输出阻抗低）。XPT2046 的模拟信号输入包括 XP、YP、XN 和 YN，这些信号经过片内的控制寄存器选择后进入 ADC。ADC 可以配置为单端或差分模式，选择 VBAT、IOVDD 和 IN 时可以配置为单端模式；作为触摸屏应用时，XP 和 XN、YP 和 YN 可以配置为差分模式，这可有效消除由于驱动开关的寄生电阻及外部的干扰带来的测量误差，提高转换准确度。此外，图 18-1 中还显示了辅助输入通道（IN）、供给电池（VBAT）、接地（GND）和稳压电源（IOVDD）等连接。通过这些连接，XPT2046 能够灵活地适应不同的应用需求。

本项目无须使用排线连接，安装 LCD 显示屏即可。

18.3 项目实施

18.3.1 项目实施流程

```
          ┌──────────┐
          │   开始   │
          └────┬─────┘
               ↓
  ┌───────────────────────────────┐
  │ 将LCD显示终端插入开发板上的LCD接口 │
  └───────────────┬───────────────┘
                  ↓
  ┌───────────────────────────────┐
  │      将配套实验例程下载到开发板      │
  └───────────────┬───────────────┘
                  ↓
  ┌───────────────────────────────┐
  │    通过LCD显示终端观察实验现象     │
  └───────────────┬───────────────┘
                  ↓
          ┌──────────┐
          │   结束   │
          └──────────┘
```

18.3.2 程序编写

1. 触摸屏初始化函数

```
1.      uint8_t TP_Init( void)
2.      {
3.          GPIO_InitTypeDef    GPIO_InitStructure;
4.
5.          RCC_AHB1PeriphClockCmd( TOUCH_RCC_GPIO_1, ENABLE);
                                                //使能 C 端口时钟
6.
7.          GPIO_InitStructure. GPIO_Pin = GPIO_Pin_10| GPIO_Pin_12;
                                                //PC10, PC12 端口配置
```

```
8.          GPIO_InitStructure. GPIO_Mode = GPIO_Mode_OUT;    //推挽输出
9.          GPIO_InitStructure. GPIO_OType = GPIO_OType_PP;
10.         GPIO_InitStructure. GPIO_Speed = GPIO_Speed_50MHz;
11.         GPIO_Init(TOUCH_GPIO_1, &GPIO_InitStructure);
12.         GPIO_SetBits(TOUCH_GPIO_1,GPIO_Pin_10|GPIO_Pin_12);
13.
14.         GPIO_InitStructure. GPIO_Pin = GPIO_Pin_9;        //PC9 端口配置推挽输出
15.         GPIO_Init(TOUCH_GPIO_1, &GPIO_InitStructure);
16.         GPIO_SetBits(TOUCH_GPIO_1,GPIO_Pin_9);
17.
18.         GPIO_InitStructure. GPIO_Pin = GPIO_Pin_8;        //PC8 端口配置
19.         GPIO_InitStructure. GPIO_Mode = GPIO_Mode_IN;     //输入
20.         GPIO_InitStructure. GPIO_PuPd = GPIO_PuPd_UP;     //上拉
21.         GPIO_Init(TOUCH_GPIO_1, &GPIO_InitStructure);
22.
23.         GPIO_InitStructure. GPIO_Pin = GPIO_Pin_11;       //PC11 端口配置
24.         GPIO_InitStructure. GPIO_Mode = GPIO_Mode_IN;     //输入
25.         GPIO_InitStructure. GPIO_PuPd = GPIO_PuPd_UP;     //上拉
26.         GPIO_Init(TOUCH_GPIO_1, &GPIO_InitStructure);
27.
28.            //GPIOD_Pin_11 - W25QXX_CS
29.            GPIO_InitStructure. GPIO_Pin = GPIO_Pin_11;
30.            GPIO_InitStructure. GPIO_Mode = GPIO_Mode_OUT;
31.            GPIO_InitStructure. GPIO_OType = GPIO_OType_PP;
32.            GPIO_InitStructure. GPIO_Speed = GPIO_Speed_100MHz;
33.            GPIO_Init(GPIOD,&GPIO_InitStructure);
34.         W25QXX_CS = 1;
35.
36.         TP_Read_XY(&tp_dev. x,&tp_dev. y);    //第一次读取初始化
37.         LCD_Clear(WHITE);                     //清屏
38.         TP_Adjust();                          //屏幕校准
39.         TP_Save_Adjdata();
40.         return 1;
41.    }
```

2. 主函数

```
1.      int main(void)
2.      {
3.         delay_init(168);
4.         LCD_Configure();          //LCD 配置
5.         POINT_COLOR = BLUE;       //设置字体为蓝色
6.         TP_Init();                //触摸初始化
```

笔 记

```
7.        Rtp_Test();              //触摸测试函数
8.        while(1);
9.    }
```

18.3.3　功能测试

　　代码编译成功后（0 Error，0 Warning），使用 J-LINK 连接开发板和计算机，下载程序并复位查看，当结果与预期一致则说明项目成功：根据屏幕提示校准屏幕，校准完毕，可实现在屏幕上画画的功能，如图 18-2 所示。触摸右上角"RST"用于屏幕复位。

✎ 笔记

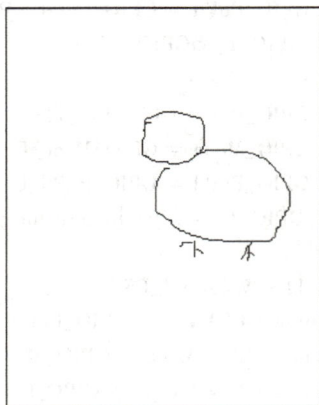

图 18-2　程序运行结果

18.4　项目总结

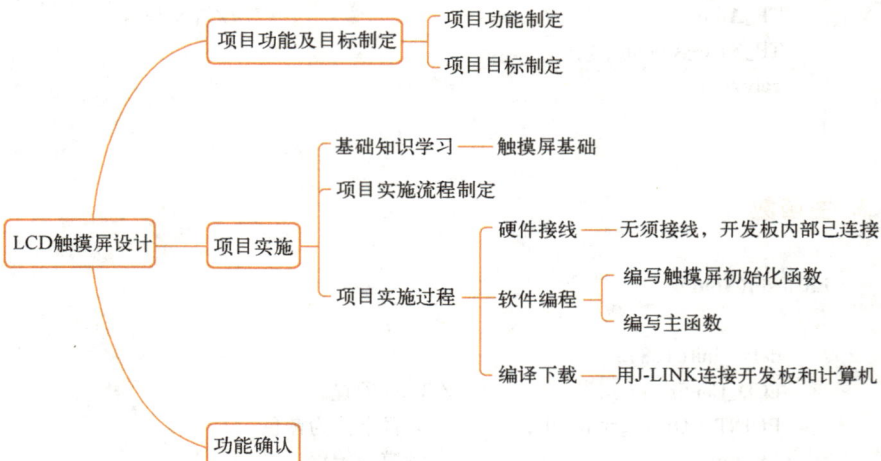

习题

1. 依据电阻触摸屏实验，实现屏幕橡皮擦功能。
2. STM32 的触摸屏功能在生活中有哪些应用？

参 考 文 献

［1］丁德红，等．基于 STM32 的单片机与接口技术［M］．北京：机械工业出版社，2023.

［2］蔡杏山，等．STM32 单片机全案例开发实战［M］．北京：电子工业出版社，2022.

［3］张洋，刘军，等．精通 STM32F4：库函数版［M］．北京：北京航空航天大学出版社，2019.

［4］刘火良，杨森，等．STM32 库开发实战指南：基于 STM32F4［M］．北京：机械工业出版社，2017.

［5］刘军，等．例说 STM32［M］．2 版．北京：北京航空航天大学出版社，2014.